¿POR QUÉ LOS COCHES?

GEORGE SMITH GOOD

¿Por qué los coches?

Solo entiende mi locura quien comparte mi pasión

SOMOS B

Papel certificado por el Forest Stewardship Council®

MIXTO
Papel | Apoyando la silvicultura responsable
FSC® C117695

Penguin Random House Grupo Editorial

Primera edición: octubre de 2025

Con la colaboración en los textos de Sergio Parra
Autor representado por Casandra Dodero Fernández

Travessera de Gràcia, 47-49. 08021 Barcelona

Printed in Spain – Impreso en España

ISBN: 978-84-666-8288-6
Depósito legal: B-14.518-2025

Compuesto en M. I. Maquetación, S. L.
Impreso en Gómez Aparicio, S. L.
Casarrubuelos (Madrid)

BS 8 2 8 8 6

Índice

Parte III. Coches virales, extraños y de TikTok

Parte IV. El olimpo del motor

Parte V. *Bonus track*. Caballos en el chasis

PRÓLOGO

Esto no va de manuales

Si solo estás buscando una guía para comprar coche, te has equivocado de carril.

Esto no va de eso.

Este libro no es un manual. O no es solo eso. Es una carta de amor al mundo del motor.

Aquí no te vamos a decir cuál es el SUV con mejor relación calidad-precio. Aquí vamos a hablarte de la furgoneta que humilla a Ferraris, del coche más robado de España (y por qué probablemente te lo van a robar a ti), de los radares que captaron a locos circulando a más de 700 km/h, del coche chino que flota (sí, flota)... Y del Fiat Multipla, porque alguien tiene que reivindicarlo. O no.

Este libro está escrito para quienes alguna vez han sentido un escalofrío al oír arrancar un V8.

Para quienes no pueden evitar girar la cabeza cuando pasa un coche raro, feo o directamente ilegal.

Para quienes no tienen coche... pero sueñan con uno.

Para quienes vieron *A todo gas* a los doce años y no volvieron a ser los mismos.

No hace falta que sepas lo que es un diferencial autoblocante. De hecho, si no lo sabes, mejor. Ya te lo explicaremos.

Este libro no premia al experto: abraza al flipado, al curioso, al nostálgico. Aquí caben todos. Incluso los que creen que el GLP es una crema facial.

Cada capítulo es una historia. A veces en forma de ranking. A veces como si te lo contaran en el bar.

Hay coches que no deberían existir, pero existen. Coches que solo se vendieron en un país. Modelos que se hicieron virales por ser brillantes... o ridículos.

También encontrarás secciones fijas, como:

- **«El dato que me voló la cabeza»**, donde soltamos una bomba que podrás usar en cualquier cena.
- **«¿Y esto qué demonios es?»**, donde explicamos términos automovilísticos como si te los contara tu primo de catorce años con acceso a YouTube.

En definitiva: esto no es un libro serio.

Pero se ha escrito con una pasión muy seria.

Pasión por los coches. Por la velocidad. Por el olor a gasolina. Por lo absurdo, lo curioso y lo salvaje del mundo del motor.

Porque un coche no es solo un medio de transporte.

A veces, es el mejor chiste del mundo.

Y otras, el único refugio en mitad de una vida que no arranca.

Arranca tú.

Y pasa página.

PARTE I

LOS COCHES QUE NO DEBERÍAN EXISTIR (PERO EXISTEN)

CAPÍTULO 1

Top 5 de coches con nombres bochornosos

El marketing que no pasó el Google Translate

A veces, los fabricantes se complican tanto la vida buscando un nombre exótico, sonoro o directamente *cool*, que se olvidan de lo más básico: pasar el nombre por un maldito traductor. El resultado es un desfile de modelos que, fuera de su país de origen, suenan a chiste escolar, a palabrota involuntaria o a error de *casting* lingüístico.

Es como si quisieras llamar a tu hijo «Brian» y, al llegar a España, descubres que todos lo pronuncian «Brayan» y lo asocian con chanclas, litronas y *scooters* trucados. Pues eso, pero multiplicado por mil, con campañas de marketing millonarias y carteles publicitarios donde el nombre del coche es... un moco.

Aquí va nuestro ranking definitivo de los coches con los nombres más ridículos, desafortunados o simplemente imposibles de olvidar. Algunos provocan carcajadas, otros, memes eternos... y alguno incluso algún que otro trauma infantil.

N.º 5. Lancia Marica

Lancia presentó este modelo en el Salón de Turín de 1969, convencidos de estar honrando a la mitología clásica. El nombre «Marica» venía de una ninfa tan importante que en Italia incluso hay un bosque con su nombre. Todo muy poético. Muy etéreo. Muy lírico.

El problema es que la poesía se fue al garete en cuanto el coche cruzó los Alpes. En cuanto pisó territorio hispano, el modelo pasó de ninfa sagrada a insulto de patio de colegio. Difícil tomarte en serio cuando tu nombre suena a broma de instituto.

Y eso que el coche montaba un 2.7 V6 de 150 caballos, ojo. Pero claro, por muy potente que sea, cuesta decir en voz alta: «¿Has visto mi Marica?».

N.º 4. Mazda Laputa

En Japón los ***kei car*** son como minibestias urbanas: pequeños, prácticos, superpopulares. Casi una religión. Mazda, que no quería quedarse fuera del culto, llegó a un acuerdo con Suzuki para revender el Suzuki Kei rebautizado como... «Mazda Laputa».

En Japón sonaba a cultura literaria, a homenaje a *Los viajes de Gulliver*, donde Laputa es una isla flotante. Pero claro, en español lo de «Laputa» no deja tanto margen a la interpretación.

Gracias al cielo (y a alguien con dos dedos de frente), este modelo nunca se vendió en Europa. Porque si llega a pisar una rotonda española, la carcajada habría sido nacional.

N.º 3. Nissan Moco

Esto no es una leyenda urbana. El Nissan Moco existe. Y no solo eso: el día de su presentación fue pintado de color verde moco. O sea, que ya no es solo el nombre: es la *performance* completa.

Y por si fuera poco, el eslogan era: «El Moco lo puedes guardar en cualquier sitio».

Estamos ante un *city car* de 50 caballos y apenas 800 kg. Ideal para moverse por ciudad. Compacto, eficiente... y condenado para siempre a los memes.

N.º 2. Kia Borrego

Imagina la escena: sala de reuniones en Corea del Sur. Café, PowerPoints, nombres sobre la mesa. Y alguien dice:

—Borrego. Suena fuerte. Suena robusto.

Y otro responde:

—¿Y por qué no Cabestro? Total, ya que estamos aquí...

El Kia Borrego es un SUV con músculo, buenas prestaciones y varias versiones internacionales. En Corea también se conoció como **Mojave** o **Mesa**, que tampoco ayudan si los pasas por el filtro gastronómico.

Pero «Borrego» se llevó la palma. En español suena más a plato del día o a tío que se deja engañar en todas las apuestas. Lo que viene siendo un nombre cien por cien trol.

N.º 1. Lamborghini Reventón

Lamborghini suele tirar de nombres taurinos: Miura, Diablo, Aventador... y también **Reventón**. Todo bien hasta que recuerdas que ese nombre también describe exactamente lo que no quieres que le pase a tu coche a 280 km/h.

En efecto, Reventón era el nombre del toro que mató al torero Félix Guzmán. Pero imagina tener que llamar a tu seguro para decir que has tenido... un reventón con tu Reventón. Reventón total. Colapso mental en la operadora.

—¿Dice que se le ha reventado el Reventón?

—Sí, sí. El Reventón.

—¿Y qué parte?

—¡El neumático! ¡Ha sido un reventón!

—Pero ¿no era ya un Reventón?

—¡Se lo juro por Pirelli!

Un coche de más de un millón de euros con nombre de siniestro total. Solo Lamborghini puede permitirse eso. Y que nos siga pareciendo brutal.

EL DATO QUE ME VOLÓ LA CABEZA

El Nissan Moco no fue un error aislado de una noche de *brainstorming* con sake. No, no. Fue un éxito. En Japón gustó tanto que tuvo varias generaciones, que se comercializaron entre 2002 y 2016... y siguió llamándose siempre igual. Moco I, Moco II, Moco III. Como si nadie, en ningún momento, hubiera dicho: «Oye, ¿y si revisamos el nombre por si acaso?».

Lo más fuerte: llegó a ser uno de los *kei cars* más vendidos de su categoría. En algunas versiones incluso llevaba pantallita táctil, GPS y cámara trasera. Es decir, había gente en Japón que decía con orgullo: «Este es el nuevo Moco, con equipamiento premium».

Y tú aquí, riéndote como un crío de cinco años. Con razón.

¿Y ESTO QUÉ DEMONIOS ES?

¿Qué es un *kei car*?

Imagínate un coche al que le han metido un hechizo de «Encoger objetos». Eso es un ***kei car***: un invento japonés para sobrevivir al caos urbano sin hipotecarte por una plaza de aparcamiento.

Por ley, debe medir **menos de 3,4 metros**, con un **motor de 660 cc** como máximo, y no puede sobrepasar cierta potencia. Pero, a cambio, cuenta con ventajas fiscales, seguros más baratos y la bendición oficial de poder existir en ciudades donde cada metro cuadrado vale más que un Rolex.

Son funcionales, económicos, prácticos...

Resumen: son coches pensados para caber en cualquier rincón. Incluida tu dignidad.

¿Y TÚ?

Te estarás preguntando si **de verdad** existen todos estos coches.

Si de verdad alguien se gastó millones en lanzar al mercado algo llamado «Moco», «Laputa» o «Borrego».

***Spoiler*: sí. Existen.**

Y ya que estás, **cuéntanos cuál añadirías tú** al ranking.

¿Has visto algún coche con nombre sospechoso? ¿Tienes un Seat León al que tu grupo llama «el Peluche»? ¿Un Clio que responde al nombre de «Choni Turbo Edition»?

CAPÍTULO 2

Los más robados

(Y por qué van a seguir robándote el tuyo)

El robo de coches no pasa de moda. Como el reguetón o las croquetas. En 2024, sigue siendo uno de los delitos preferidos por los cacos, que lo mismo te abren un Ibiza con una cuchara que hacen desaparecer un Serie 3 sin dejar rastro. Lo último en tecnología... para el crimen.

¿Lo peor? Que va a más.

En 2024 se ha registrado un **incremento del 2 % respecto al año anterior**, lo que se traduce en:

- **Casi cien vehículos robados al día**.
- **Cuatro por hora**.
- **Uno cada quince minutos**.

O dicho de otro modo: mientras estás leyendo esto, a alguien ya le han volado el coche.

Vamos con el **top 5 de los coches más robados de España en 2024**. Y sí, puede que esté el tuyo.

N.º 5. BMW Serie 3

Un clásico que **enamora a los *petrolheads***... y también a los ladrones con estilo.

El E46 es el más deseado: un coche que **huele a Nürburgring, suena a escape deportivo** y se desmonta como un Lego en manos expertas.

Tiene todo lo que un ladrón profesional valora: piezas caras, fáciles de vender y un aspecto tan atractivo que ni sospechas que es robado.

Robo elegante, robo alemán. Si James Bond fuera delincuente, se llevaría uno.

N.º 4. Ford Focus

Este sí que **nadie lo vio venir**. No es el típico coche de ensueño, pero ahí está, en el top de los más mangados.

¿Por qué?

Porque pasa desapercibido. Porque hay millones circulando. Porque sus piezas sirven **para tres generaciones de modelos distintos**.

Y porque si te cruzas con uno por la calle, **no lo miras dos veces**.

Hay **más piezas de Focus en Wallapop** que excusas para no ir al gimnasio. Y eso, para un caco, es oro puro.

N.º 3. SEAT León

Robado desde tiempos inmemoriales gracias a la técnica de la **centralita clonada**.

Es el típico coche que los talleres ilegales **tienen en plantilla**. Lo abren en segundos, lo desmontan en minutos y lo colocan en horas.

Tiene otro punto fuerte: **parque móvil gigante**. Cuantos más hay, más piezas se necesitan... y más se roban.

Si lo tienes, ponle alarma, reza, y **no lo aparques en calles con más de un contenedor quemado**.

N.º 2. Volkswagen Golf

El coche más vendido de Europa... y, claro, **uno de los más robados también**.

Tiene el mismo problema que los éxitos del pop: todo el mundo lo quiere, todo el mundo lo reconoce, todo el mundo lo copia.

¿Resultado? **Es un imán para el robo por piezas**.

Además, tiene muchas versiones, motorizaciones y generaciones compatibles entre sí, lo que lo convierte en **una mina de recambios**. Otro clásico de la picaresca ibérica.

N.º 1. SEAT Ibiza

El rey indiscutible del hurto sobre ruedas.

¿Por qué?

Porque es el más popular, el más barato de robar y el más rentable de revender.

Tiene alma de utilitario, pero vida de fugitivo. Se abre con facilidad, se arranca con herramientas ridículas y **pasa desapercibido en cualquier barrio**.

Eso sí: hay una leyenda urbana entre los ladrones que parece cierta... **Los Ibizas amarillos no se tocan**. Demasiado cantosos. ¿Quién en su sano juicio quiere conducir un coche robado que parece un *highlighter*? En el primer control de la Guardia Civil: ¡bingo!

Bonus track: ¿Dónde te lo van a robar antes?

Las tres ciudades con más robos de coches en 2024:

- **Málaga**.
- **Barcelona**.
- **Madrid**.

No hay playa ni cañas que te salven si aparcas donde no debes o dejas el coche hecho un escaparate.

¿Y TÚ?

¿Te han robado un coche? ¿Te sentiste como Liam Neeson en *Venganza*?

Cuéntanos tu historia y ayuda a ampliar nuestro ranking con tu experiencia.

BONUS: QR

EL DATO QUE ME VOLÓ LA CABEZA

¿Sabías que en algunos talleres ilegales de España puedes encargar un coche robado «a la carta»?

Sí, como si fuera un combo del McAuto:

—Quiero un León, negro, diésel, con navegador y pocos kilómetros.

—Vuelve en dos días. Y tráete el sobre.

Funcionan como Amazon, pero sin devolución posible. Algunos incluso **te lo entregan con matrícula clonada y papeles falsos**. Y tú pensando que lo más turbio de tu barrio era el kebab de madrugada.

¿Y ESTO QUÉ DEMONIOS ES?

¿Qué es una centralita clonada?

Una centralita (o ECU) es como el «cerebro» de tu coche: controla el motor, la llave, los sensores... todo.

Pues bien, los ladrones más pro llevan encima **centralitas clonadas** que imitan a la perfección las del coche que van a robar.

¿Y qué hacen con ella?

La enchufan al puerto del coche (sí, tiene uno, como si fuera una PlayStation), y ¡pam!, **anulan el inmovilizador**, abren las puertas, arrancan y adiós muy buenas.

Lo flipante es que no necesitan forzar nada. **Ni suena la alarma. Ni salta el seguro. Ni te enteras**. Literalmente, se lo llevan andando como si fuera suyo. Y tú aún dándole al mando a distancia sin entender por qué no pita.

CAPÍTULO 3

Los cuatro coches menos seguros (según los que reparten estrellas)

«No, no es por correr más de la cuenta. Es por no llevarte bien con los *crash tests*»

Hay coches que, por mucho que te gusten, deberías mirar con lupa si lo tuyo es sobrevivir. No porque sean bólidos de 400 caballos o porque tengan un botón rojo que activa el modo «misión suicida». No. Son peligrosos porque han suspendido (o casi) en algo mucho más básico: protegerte cuando la cosa se pone fea.

Y ojo, que hablamos de pruebas **Euro NCAP**. O sea, de estrellitas que no decoran el capó, sino tu historial de accidentes.

Aquí van **los cuatro coches con peor nota en seguridad en el mercado español actual**, según los *rankings* más recientes. No aptos para hipocondriacos ni padres primerizos.

N.º 4. Ford Tourneo Courier

El Ford Tourneo Courier se presenta como una opción familiar razonable, espaciosa y con pinta de coche simpático. Pero basta con mirar sus resultados en Euro NCAP para entender por qué está en este ranking.

En protección para adultos, la puntuación apenas alcanza un 62 %, y eso ya nos pone en alerta. Sí, la estructura se mantiene más o menos estable tras el impacto frontal, pero no es suficiente: la cabeza del pasajero trasero queda muy expuesta, y el pecho del conductor directamente recibe una calificación «marginal». O sea, agárrate fuerte.

En cuanto a los niños, la cosa mejora: obtiene un 80 % en protección infantil, lo cual lo deja por encima de la media en su segmento. Aun así, el *dummy* que imitaba a un niño de seis años mostró ciertas debilidades en la cabeza.

Eso sí, tiene una curiosidad que casi compensa todo lo anterior: un sistema que detecta si te dejas un niño dentro del coche. Una tecnología muy útil si tienes cabeza de chorlito… o si quieres que el coche te recuerde que eres padre.

Fuera del habitáculo, su comportamiento no está nada mal: alcanza un 81 % de protección para peatones y ciclistas. Pero lo que le hunde de verdad en el ranking es su nota en asistencias a la conducción: solo un 54 %. Lo justo para salir del paso, pero sin florituras. En resumen: **un coche que te echa una mano... hasta que la necesitas de verdad**.

N.º 3. Jeep Avenger

Tres estrellas Euro NCAP y muchas dudas. Así llega el Jeep Avenger a nuestro podio de los menos seguros. Es cierto que en los *crash tests* no se desmorona del todo: su nota en protección para adultos alcanza el 79 % y su estructura aguanta decentemente en impactos frontales y laterales.

Pero el problema aparece cuando escarbas un poco. Por ejemplo, la protección del pecho del pasajero trasero no convence, y en caso de impacto lateral, los ocupantes de las plazas traseras no tienen ningún sistema que evite que **se den entre sí como si fuera el recreo del cole**.

En niños, baja aún más: solo un 70 % en protección infantil, y eso que estamos hablando de un coche nuevo. En las pruebas con *dummies* de diez años, se detectaron daños en el pecho. Vamos, que si piensas llevar a tus hijos al colegio en este coche, **igual te interesa hacerles un seguro adicional**.

Pero donde realmente pincha es en la protección a los vulnerables, como peatones y ciclistas: 59 %. O lo que es lo mismo: si te van a atropellar, mejor que sea otro coche. Porque este no pone mucho de su parte. Su aspecto robusto y su estética SUV no terminan de compensar la falta de asistentes ni de empatía con lo que le rodea. Es el típico guapo de discoteca que no te abre la puerta ni aunque lleves las manos ocupadas.

N.º 2. Dacia (varios modelos)

Parece que no hay ranking de coches inseguros sin un Dacia en el ajo. Pero, sorpresa: **su mala fama es solo parcialmente justa**. Porque, aunque saca tres estrellas Euro NCAP y una puntuación de 70 % en adultos, lo cierto es que **en protección infantil consigue un muy respetable 84 %**. Más que el Jeep, más que el Ford. En caso de accidente, protege. Y protege bastante.

El problema, de nuevo, no es lo que hace el coche cuando chocas... sino **todo lo que no hace antes del choque**. En sistemas de asistencia activa, se queda en un 57 %, una cifra que lastra su valoración global. No tiene radares sofisticados, ni avisos chulos, ni un arsenal de sensores que te conviertan en piloto automático. Pero sí tiene una estructura digna, unas respuestas decentes y una relación calidad-precio que explica su popularidad.

Euro NCAP, sin embargo, es cada vez menos indulgente con los coches «a la vieja usanza». Si no ayudas a evitar el accidente con tecnología, es como si fueras un irresponsable en potencia. Por eso, aunque la estructura del coche sea sólida, te cae el suspenso. **Es como sacarte el carnet de conducir… y luego negarte a usar GPS por principios**.

N.º 1. Suzuki Swift

Y llegamos al número uno. El campeón del susto. El que te hace mirar dos veces la matrícula antes de montarte. El **Suzuki Swift**, con tres estrellas Euro NCAP, se coloca en lo más alto del ranking de los coches menos seguros a la venta. Y no es solo por su puntuación (62 % en adultos), sino por los detalles concretos que hielan la sangre: **el pecho del conductor**, en el test de impacto frontal, obtiene una calificación «marginal». Es decir, te la juegas. Literal.

En protección infantil llega al 80 %, lo cual no está mal, y en peatones/ciclistas alcanza el 81 %. Pero el gran problema es otro: **la absoluta carencia de sistemas de asistencia a la conducción**. No hay frenada automática, no hay detección de cambio de carril, no hay ni un triste aviso de «oye, cuidado». Es como si el coche estuviera atrapado en 2005 con un Nokia 3310 como cerebro central.

La conclusión no admite muchas dudas: **es el coche que menos te cuida si algo va mal**, y además no hace nada por evitar que algo vaya mal. Y eso, en pleno 2025, es un combo difícil de justificar. Salvo que lo uses para trayectos cortos, solo, y sin más ambición que sobrevivir a la rotonda de tu barrio.

***Bonus track*: Los coches que arden sin avisar**

¿Coches con mecha corta? Aquí va el top exprés de modelos que, por fallos chungos, tienen historial de *quemarse porque sí*:

- **BMW Diésel (2012-2016)**. Un fallo en el enfriador de la EGR puede mezclar glicol con gases calientes. Resultado: incendio gourmet.
- **Volkswagen Golf TI**. La tapa del motor rozaba el turbo. Algunos ardieron por una estética mal pensada. Solución: quita la tapa y corre.
- **Mercedes-Benz (GLC, GLE, S, etc.)**. Bombas de refrigerante que se rajan y bornes de batería que hacen mal contacto. Más de un millón de unidades en revisión.
- **Renault Clio 5 / Captur 2 (GLP)**. Versión gas y fuego. Literal. Riesgo serio según Consumo. Si tienes uno, ve al taller *ayer*.
- **Peugeot, Citroën y DS (2019-2023)**. Baterías defectuosas en modelos como el 3008 o el DS7. Pocas bromas: si tu coche está en la lista, revisa o prepárate para una barbacoa.

EL DATO QUE ME VOLÓ LA CABEZA

Un coche puede tener tres estrellas Euro NCAP y, aun así, salvarte la vida mejor que uno con cinco.

¿Cómo?

Porque hoy en día el sistema de puntuación valora tanto las *asistencias electrónicas* (radar frontal, detección de peatones, aviso de cambio de carril…) que un coche puede suspender en estrellas **sin ser inseguro en colisiones**.

Es decir, puedes tener una estructura sólida, airbags bien colocados y zonas de absorción de impacto top, pero si no llevas los últimos juguetitos tecnológicos, te castigan.

Es como suspender a un boxeador porque no sabe usar el GPS.

¿Y ESTO QUÉ DEMONIOS ES?

¿Qué es eso de las estrellas Euro NCAP?

Vale, Euro NCAP no es una bebida energética ni un sistema de puntos de Hogwarts. Son las siglas de *European New Car Assessment Programme*, o lo que es lo mismo: un proyecto independiente que **estampa coches contra paredes** para ver qué tal aguantan.

- Las estrellas (de 0 a 5) **no miden solo lo resistente que es el coche**, sino **todo el combo**:
- Protección para adultos (choque frontal, lateral, latigazo cervical…).
- Protección infantil (asientos, anclajes, impacto lateral…).
- Protección a peatones y ciclistas (capó blando, detección…).
- Sistemas de asistencia a la conducción (*ADAS*): frenos automáticos, sensores, avisadores, etc.

Y aquí viene el lío:

Un coche puede tener una estructura buenísima y aun así sacar solo **tres estrellas** porque no tiene suficientes cámaras o radares.

Conclusión: Las estrellas miden la seguridad… pero también el *gadgeteo*. Así que mira el desglose antes de juzgar.

¿Y TÚ?

Te estarás preguntando si de verdad hay coches a la venta con estas notas tan tristes.

Spoiler: **sí, los hay. Y se venden bien**.

Y ya que estás…

¿Has tenido alguno de estos coches?

¿Te comiste una farola y saliste ileso?

¿O tu coche tenía tantas asistencias que frenaba antes de que tú vieras el problema?

Queremos saber tu historia.

Y si crees que falta algún coche en este ranking de «no, gracias», mándanoslo. Quizá lo subamos al podio del terror.

CAPÍTULO 4

Los coches menos vendidos (en España)

¿Tan malos son... o son tan buenos que nadie los entiende?

En un mercado donde todo suena a *déjà vu* con ruedas —SUV clónicos, parrillas que parecen sacadas de la misma impresora y colores que oscilan entre el gris oficina y el blanco dentífrico—, hay coches que, por alguna razón suicida o valiente, se atreven a ir por libre. Se arriesgan a no gustar, a no encajar. Y lo consiguen.

El resultado: ostracismo absoluto. Ignorados en los concesionarios, ninguneados por el marketing, olvidados incluso por los algoritmos de búsqueda. Coches que pasan tan desapercibidos que podrías esconder un cadáver en el maletero y nadie se daría cuenta.

Este es el top 10 de los coches menos vendidos en España en 2024. Una lista donde ser diferente no te hace especial, sino invisible.

Y ojo con el dato: el número uno ni siquiera consigue vender una unidad al mes. Sí, has leído bien. Ni uno al mes. ¿Es un fracaso... o un coche de culto en potencia? Tú decides.

N.º 10. BMW Z4 G29: 108 unidades vendidas

Un *roadster* con pinta de modelo de catálogo... de 2018. Literalmente: no ha cambiado ni una costura desde entonces. Mientras la competencia renueva faros, pantallas y hasta la firma del CEO, el Z4 sigue vendiéndose como si el tiempo no pasara.

Comparte plataforma, motor y casi todo con el Toyota Supra. Pero mientras el Supra tira de nostalgia y mito nipón, el Z4 se siente como el primo pijo que heredó el talento pero no el carisma.

Disponible con motores 2.0 (194 o 255 CV) o el mítico B58 3.0 turbo (335 o 382 CV), es un juguete serio. Pero cuesta justificarlo cuando el diseño ya no gira cabezas y la competencia ofrece más «frescura» por menos.

Diagnóstico: Cochazo, sí... pero visualmente desactualizado. En un mundo de apariencias, eso es pecado capital.

N.º 9. DFSK 508: 106 unidades vendidas

¿DFSK? ¿Eso es un modelo o el código de un *router*? Marca china, equipamiento premium, GLP, siete plazas y techo solar por solo 16.000 euros. ¿Dónde está la trampa?

Pues en el prejuicio. En España aún hay quien cree que todo lo chino se rompe al tercer uso. Aunque DFSK lleve tiempo en el mercado, la marca sigue sonando a experimento.

Motor 1.5 atmosférico a GLP —eficiente pero muy justo de potencia— y un diseño que no enamora.

Diagnóstico: Demasiado bueno para ser verdad... o eso piensa el comprador medio. Aquí, si no lleva cuatro aros, no se mira dos veces.

N.º 8. Volvo S90: 53.900 euros... y la sospecha de que ya no es un Volvo

A simple vista, un cochazo. Berlina grande, diseño sobrio, presencia ejecutiva. Pero desde que Volvo se integró en Geely, algo se ha perdido.

Muchos juran que la calidad interior ya no es la de antes, aunque el precio se mantenga en la estratosfera: entre 53.900 y 63.900 euros.

El mercado lo ha notado. En España, quien quiere un Volvo compra un SUV. Y quien quiere una berlina... se va a Alemania.

Diagnóstico: Demasiado coche para un público que ya no busca berlinas. Una joya en el escaparate equivocado.

N.º 7. DS9: 87 unidades vendidas, 83.000 euros, y no es un SUV

DS es la marca de lujo de Peugeot-Citroën. Pero, claro, ¿quién paga 83.000 euros por una berlina francesa que comparte motor con una furgoneta?

Motor PSA, extras a reventar y una fiabilidad que da escalofríos. Por ese precio, te compras un Mercedes. O dos Dacias. O tres Ladas y te sobra para cenar en DiverXO.

Y no es un SUV, lo que en España equivale a cometer un crimen comercial.

Diagnóstico: El típico coche que solo comprarías si fueses embajador cultural de Francia... o estuvieras ebrio en un concesionario.

N.º 6. Suzuki Across: 66 unidades vendidas

¿Sabías que es un Toyota Rav4 disfrazado? Pues ahora sí. Misma base, misma tecnología híbrida enchufable, mismo sistema de tracción. Pero con la S de Suzuki en la parrilla.

Aquí el problema no es el coche, sino la marca. Suzuki tiene fama de fiable, pero en España no vende imagen. Y lo que compramos los españoles es diseño, postureo y pantallitas.

Diagnóstico: Un *sleeper* del mercado. Un cochazo sin marketing. El secreto mejor guardado de los que no quieren problemas.

N.º 5. Audi TT (última edición): 49 unidades vendidas

Un mito que se despide. En 2023, Audi le dio la extremaunción al TT, y casi nadie asistió al funeral.

Diseño icónico, motor transversal y tracción Quattro opcional. Pero ya nadie quiere cupés compactos. Y el precio tampoco ayudaba.

Fue un coche deseado, tuneado e idolatrado. Pero hoy ya es historia.

Diagnóstico: Glorioso en los 2000, ignorado en los 2020. DEP, máquina.

N.º 4. Subaru Impreza: ¿aún existe?

Sí. Pero es probable que nadie te lo haya contado. Subaru, según la OCU, es la segunda marca más fiable de Europa.

¿El problema? No hacen publicidad. No hacen ruido. No salen en redes. Y eso, en pleno siglo XXI, es como tener una banda de rock y negarte a subir tus canciones a Spotify.

Diagnóstico: Si nadie te ve, no existes. Aunque sea el coche más noble del barrio.

N.º 3. Toyota Supra: 18 unidades vendidas

Este duele. El Supra fue un mito en los noventa. Hoy, para muchos, es solo un BMW disfrazado.

Comparte plataforma con el Z4. Y aunque va de samurái, lleva alma bávara. Los puristas no lo perdonan.

¿Buen coche? Sin duda. ¿Auténtico Supra? Hum...

Diagnóstico: Víctima del *badge engineering*. Cuando intentas gustar a todos, no enamoras a nadie.

N.º 2. Jaguar XF: 11 unidades vendidas

Pocas marcas tienen el *sex appeal* visual de Jaguar. Pero el XF se parece a una relación tóxica: lo encuentras superatractivo, pero siempre acabas con él en el taller (o en Wallapop).

Entre fiabilidad dudosa, posventa mejorable y precios sin sentido, el XF lo tenía todo para fracasar.

Diagnóstico: Menos de una unidad vendida al mes. ¿Tragedia británica? No, rutina.

N.º 1. Jaguar (la marca): ¿De qué viven sus concesionarios?

Sí, Jaguar entero ha vendido lo que Dacia vende antes del café. Seis modelos en catálogo. Todos preciosos. Todos ignorados.

El XF, el F-Pace, el E-Pace, el F-Type... ninguno ha remontado. ¿De qué viven los concesionarios? De reparar.

Y esto pinta mal. Muy mal.

Diagnóstico: Marca en coma. Si esto fuera una serie, se llamaría *La extinción del felino europeo*.

¿Y ESTO QUÉ DEMONIOS ES?

¿Qué es un motor PSA?

PSA era el grupo que reunía a Peugeot, Citroën y DS antes de fusionarse con Fiat-Chrysler para formar Stellantis (sí, suena a grupo galáctico, pero hacen furgonetas).

Cuando alguien dice «lleva un motor PSA», lo que realmente quiere decir es: «lleva el mismo corazón que cualquier otro coche del grupo, desde un Peugeot 208 hasta una Citroën Berlingo».

¿Problema? Es un coche de 20.000 euros, vale. Pero si te compras un DS9 por 83.000 euros, lo mínimo es que bajo el capó haya algo especial, no un motor que también mueve a un repartidor de MRW.

Es como pagar entrada VIP en un festival... y descubrir que el DJ es tu cuñado con Spotify Premium.

EL DATO QUE ME VOLÓ LA CABEZA

Jaguar tiene seis modelos en catálogo. Seis. No uno. No dos. Seis propuestas distintas, algunas con más de 300 caballos, otras con interior de club inglés y pantallas táctiles que parecen sacadas de un Tesla con monóculo. Y aun así, en todo un año, han vendido en España lo mismo que un solo concesionario Toyota despacha en una semana normalita de otoño.

Es como si un restaurante de lujo tuviera seis menús degustación distintos, todos con foie, trufa y vino caro... y aun así no entrara ni el camarero. Algo no cuadra.

¿El futuro? O cierra... o se reconvierte en taller multimarca, lavadero de perros o tienda de *merchandising* para fans de Top Gear. Porque si esto sigue así, encontrar un concesionario Jaguar en 2027 va a ser más difícil que ver un Lancia Delta en Wallapop con el motor original.

Y lo más triste es que no hablamos de coches malos. Hablamos de coches que, por historia, diseño y mística, deberían estar en otro sitio. Pero el mercado es cruel. Y la fiabilidad, más.

¿Y TÚ?

¿Te has cruzado con alguno de estos unicornios de chapa? Dinos cuál has visto (o conducido), y cuéntanos qué otro coche crees que merece estar en este ranking.

Y si tienes un DS9, mándanos una foto. Prometemos no juzgarte.

PARTE II

EL LADO EXTREMO DEL MOTOR

CAPÍTULO 5

Récords de velocidad cazados con radar

«No es que corras. Es que te persigue la historia»

El radar nació como tecnología militar en los años treinta, justo antes de la Segunda Guerra Mundial, y desde entonces ha evolucionado hasta convertirse en el chivato preferido de los agentes de tráfico. Al principio solo detectaba objetos, pero hoy en día puede calcular con precisión escandalosa la velocidad a la que circulas, gracias entre otras cosas al uso del **efecto Doppler**.

De antenas gigantes en la costa a pistolitas láser portátiles en un coche camuflado: el radar ha pasado de vigilar bombarderos a cazar a ese conductor que pensaba que «nadie lo estaba viendo». *Spoiler*: sí, lo estaban viendo.

Aquí van los cinco récords de velocidad más salvajes cazados por radar.

N.º 5. Panamera Turbo en Polonia: el *business class* del radar

- **Velocidad**: 301 km/h.
- **Multa**: 11.170 euros.
- **Castigo**: 3 meses sin carnet.

Una autopista polaca. Noche cerrada. Un Porsche Panamera Turbo pasa como un misil tierra-tierra a 301 km/h. El radar ni parpadea: lo captura con claridad quirúrgica, y los agentes no daban crédito. El conductor dijo que «solo iba con prisa». La típica prisa que te cuesta más de 11.000 euros y 3 meses sin carnet. Lo peor: no llevaba ni música puesta. A esa velocidad, lo único que suena es tu conciencia.

Este Panamera no es cualquier berlina: es un **Turbo**, con motor V8 biturbo de 4.0 litros y más de 550 CV. Puede hacer el 0 a 100 en 3,6 segundos... y llevarte a una reunión en Berlín antes de que tu jefe termine el café. Pero lo impresionante no es que llegue a 301 km/h, sino **que lo hiciera en vía pública, sin despeinarse**. La aerodinámica activa del coche, con alerones y suspensiones adaptativas, convierte al Panamera en un avión con matrícula. Lástima que los radares no perdonen ni a los que vuelan en *business*.

N.º 4. Audi RS4 tuneado en Francia: el misil patriótico

- **Velocidad**: 310 km/h.
- **Multa**: 4.000 euros.
- **Castigo**: 1 año de prisión.

Francia, 2011. Una recta limitada a 110 km/h. Y ahí aparece un Audi RS4 con pinta de haber salido de una peli de ciencia ficción. El radar lo pilla a 310 km/h. Lo más bestia: el coche no huía de nadie, ni era una persecución policial. Era solo un tío con mucho ego, demasiado turbo y cero amor por el código de circulación. Resultado: 4.000 euros de multa y un año entre rejas. No por la velocidad, sino por el atrevimiento de ir tan rápido... sin cámara lenta.

Lo interesante es que este RS4 estaba «altamente modificado», según el informe. Probablemente hablaban de **una repro de centralita, línea de escape liberada, turbo vitaminado y quizá eliminación de limitador electrónico**. El modelo base ya tenía un V8 atmosférico de 420 CV, pero con los retoques adecuados podía acercarse a los 500 CV. ¿Y lo más loco? Que lo hizo sobre una vía pública, con suelo irregular, curvas lejanas y ciclistas potenciales. El coche aguantó. El sentido común, no tanto.

N.º 3. Porsche 911 en el sur de Italia: *dolce illegale vita*

- **Velocidad**: 311 km/h.
- **Multa**: 3.570 euros.
- **Castigo**: -10 puntos.

El sur de Italia tiene muchas cosas: sol, mar, carreteras secundarias con curvas sabrosas... y carreras ilegales. En una de ellas, un Porsche 911 fue cazado a 311 km/h por un helicóptero de la policía que no daba crédito. El conductor, que estaba grabando un vídeo para redes, bajó del coche con sonrisa de *influencer* y gafas de espejo. Recibió una multa de 3.570 euros y le retiraron 10 puntos. Pero el vídeo se hizo viral, claro. Prioridades.

El 911 en cuestión era probablemente un **Turbo S**, con motor bóxer de seis cilindros y tracción total. Lo impresionante del Porsche 911 no es solo su potencia —más de 580 CV—, sino su **estabilidad en altas velocidades gracias al reparto de pesos trasero y al chasis optimizado para pista**. Pero incluso para un coche pensado para circuito, ir a más de 300 km/h en una carretera rural italiana es jugársela. No por el radar, sino por el primer Fiat Panda que te salga en sentido contrario.

N.º 2. Bentley Continental GT en Suiza: la multa más cara con nombre y apellidos

- **Velocidad**: 324 km/h.
- **Multa**: 1.850 euros.
- **Castigo**: 6 meses de prisión.

Abril de 2011. Suiza. Un Bentley Continental GT es cazado a 324 km/h en autopista. Ni persecución, ni fuga. Solo una demostración de poderío. La multa: 1.850 euros. Pero no te confíes: el castigo real fue de 6 meses de prisión. En Suiza, lo que importa no es la cifra, sino la humillación social. Un Bentley volando bajo es casi un insulto al reloj de cuco nacional. Y eso no se perdona.

El Continental GT es el epítome del lujo con esteroides: motor W12 biturbo, más de 635 CV y un peso de dos toneladas. Aun así, es capaz de superar los 320 km/h sin pestañear. Pero lo que sorprende es que **un coche tan pesado y de líneas suaves pueda comportarse como un superdeportivo**, gracias a su suspensión neumática y su tracción integral. Eso sí, frenar un Bentley a esa velocidad no es broma: necesitas más metros que un avión en pista corta. Y un abogado caro.

N.º 1. Opel Speedster: el récord que reventó el radar

- **Velocidad**: 714 km/h.
- **Multa**: Ninguna. Literalmente, el radar explotó.
- **Estado**: Expediente X europeo.

Agosto de 2021. Un radar en Rhein-Westfalia salta por los aires —literalmente— tras detectar un coche a **714 km/h**. ¿El sospechoso? Un humilde Opel Speedster. Las autoridades no pudieron identificar la matrícula porque el radar se sobrecalentó. Desde entonces, el caso figura como «no resuelto», pero el coche ha sido incluido en la lista negra europea. Si el objetivo era pasar desapercibido... no funcionó.

El Opel Speedster, para quien no lo conozca, es una rareza preciosa: ligero como un insecto, con carrocería de aluminio y alma de Lotus Elise. Aunque tiene un motor de entre 147 y 200 CV, no hay manera física de que alcance ni la mitad de esos 714 km/h. Todo apunta a una leyenda. Pero si tuviese algo de verdad, se debería a un error técnico, un *bug* informático o un *hacker* con sentido del humor. Pero el dato está en los informes. Y eso lo convierte en **el récord más falso, glorioso y viral de la historia de los radares**.

EL DATO QUE ME VOLÓ LA CABEZA

Los radares suelen estar calibrados para detectar velocidades **hasta cierto límite técnico**, normalmente en torno a **300 km/h**. Lo del Opel a 714 km/h rompe todos los esquemas: si fuera cierto, el radar **no debería haber podido medirlo**. Y, sin embargo, lo hizo (o eso dice el informe). Es como si un sistema diseñado para sumar cosas normales de repente dijera que 2 + 2 son «unicornios»: algo **absurdo, imposible o bugueado**.

RANKING EXPRÉS: LOS COCHES NO DEPORTIVOS MÁS RÁPIDOS DEL MUNDO

(Sí, hay vida más allá de los Ferraris)

Modelo	Velocidad punta	Potencia	País
Bentley Flying Spur Speed	333 km/h	635 CV	Reino Unido
BMW M5 CS	305 km/h	635 CV	Alemania
Audi RS7 Sportback Performance	305 km/h	630 CV	Alemania
Dodge Charger SRT Hellcat	328 km/h	717 CV	Estados Unidos
Mercedes-AMG E63 S 4MATIC+	300 km/h	612 CV	Alemania
Tesla Model S Plaid (eléctrico)*	322 km/h	1020 CV	Estados Unidos
Alpina B5 GT	330 km/h	634 CV	Alemania

* Sí, es eléctrico. No, no nos gusta. Pero corre que da miedo.

¿Y TÚ?

¿Has sentido alguna vez que un coche te adelantaba como si estuvieras parado... y al rato había un radar esperándole?

Ese microsegundo de justicia poética.

Compártelo. No por rencor. Por ciencia.

¿Y ESTO QUÉ DEMONIOS ES?

Radar Doppler

¿Suena a villano de Marvel? Puede. Pero es el responsable de que no puedas correr tranquilo.

El radar Doppler funciona enviando ondas que rebotan en tu coche. Si te mueves, esas ondas vuelven modificadas: cuanto más rápido vayas, más cambia la frecuencia. Es el mismo principio que hace que una ambulancia suene diferente cuando se acerca o se aleja.

Traducción en idioma humano: si pasas a toda leche, el radar lo nota y se chiva.

Dato extra para flipar: algunos radares nuevos no solo miden tu velocidad... también detectan si llevas el móvil en la mano o si te has olvidado de ponerte el cinturón.

CAPÍTULO 6

El alcohol no conduce, pero algunos lo intentaron

Este capítulo huele a Fernet y a milagro médico. Porque lo que vas a leer no debería haber ocurrido. Pero ocurrió. Y no una vez. Ni dos. Hasta tres récords seguidos en un mismo país, en menos de un año.

Si Argentina fuera un circuito de rally, estaríamos hablando de una categoría nueva: **Grupo Etílico Extremo**. Si fuera una disciplina olímpica, ya estarían colgando las medallas en la plaza de Mayo.

Lo peor de todo no es que alguien haya alcanzado semejantes niveles de alcoholemia. Lo verdaderamente **surrealista** es que, a pesar de ello, **estas personas lograron meterse en un coche, arrancarlo... y conducir**. Si no estuviéramos hablando de vidas reales, esto sonaría a *sketch* de *Padre de familia*.

Si algún día te preguntan por qué los ingenieros hacen pruebas de seguridad absurdas o por qué un coche necesita sistemas que te obliguen a pisar el freno para arrancar, **enséñales este capítulo**.

Récord N.º 1. El borracho que rozó la muerte

Arrancamos el año 2024 con fuerza. Y no hablamos de caballos. Hablamos de etanol puro. El primer campeón de esta insólita competición apareció en enero, con nada menos que **5,5 gramos de alcohol por litro de sangre**.

Para ponerlo en contexto:

- Con **0,5 g/L** ya te multan en media Europa.
- Con **1,5** tienes visión doble, coordinación nula y te crees filósofo.
- Con **3**, entras en coma etílico.
- Con **5**, lo normal es que te estén velando.

Pero este señor no solo no estaba muerto. Estaba **conduciendo**. Con 5,5 g/L. Como si nada. Como si el coche fuera una extensión de su hígado.

La policía se quedó boquiabierta. Los médicos, sin palabras. Y tú, seguramente, estés leyendo esto mientras miras tu cerveza medio vacía y te planteas si es que eres débil o un simple mortal.

Récord N.º 2. No hay 5,5 que 5,79 no cure

La historia parecía insuperable. Pero entonces, en mayo, **otro gladiador de la barra del bar** entró en escena. Argentino también. Y dispuesto a superarse. Marcó un espectacular **5,79 g/L**.

¿Cómo es posible? No se sabe.

¿Por qué lo hizo? Tampoco.

¿Cuántas vidas tiene? Al menos tres.

El coche arrancó. Él también. Recorrió varios metros, posiblemente creyendo que el carril contrario era una banda de música. Y no se estrelló. **No se desmayó. No murió**.

Lo cierto es que, a esos niveles, uno esperaría en estado vegetativo. Y, sin embargo, allí estaba: desafiando a la ciencia, al sentido común y a las leyes de la química.

Alguien debería patentar su sistema digestivo. O al menos, incluirlo en un museo.

Récord N.º 3. 6,26 g/L: cuando tu sangre es básicamente alcohol

Y entonces... llegó **el Messi de la borrachera**. Un hombre de sesenta años, de la localidad de **Roca**, en la provincia de **Río Negro**, decidió que era el momento de entrar en la historia. Y vaya si lo hizo.

6,26 gramos de alcohol por litro de sangre.

Lo repito porque tu cerebro puede haberse negado a procesarlo. **Seis coma veintiséis**.

Eso no es un nivel de alcoholemia. Es **una bomba molotov en el torrente sanguíneo**.

Es como haberse bebido **dos botellas de whisky, media bodega de Mendoza y un *after* en polvo**, y aun así encontrar el camino al coche... y **poner primera**.

Lo más loco: **no murió**.

Lo encontraron conduciendo en dirección contraria, después de atropellar a una persona (que sobrevivió, milagrosamente) y con el cuerpo medio derrumbado sobre el volante. Ni siquiera estaba inconsciente del todo: **estaba «medio desmayado»**. Como quien se echa una siesta rápida en el coche tras una reunión larga... solo que con el equivalente a una piscina de vodka en las venas.

Los agentes no sabían si esposarlo o aplaudirle. Los sanitarios creyeron que el alcoholímetro estaba roto. Y yo, sinceramente, creo que su **hígado merece un monumento nacional**.

EL DATO QUE ME VOLÓ LA CABEZA

6,26 gramos de alcohol por litro de sangre. No es solo un número obsceno. Es **una imposibilidad clínica con patas**.

Para que te hagas una idea: a partir de **1,5 g/L**, empiezas a perder el equilibrio y el juicio.

Con **3 g/L**, entras en un estado de confusión severa, riesgo real de coma.

A partir de **5 g/L**, la mayoría de las personas fallecen por depresión respiratoria: el cerebro literalmente se apaga.

Y este señor... **iba conduciendo**.

Desde un punto de vista médico, su supervivencia no tiene explicación sencilla. El etanol es un depresor del sistema nervioso central. Actúa interfiriendo con los receptores GABA, apagando las señales neuronales poco a poco. Cuando bebes mucho, el cerebro deja de coordinar funciones vitales como la respiración o el ritmo cardiaco. Por eso el coma etílico mata.

Pero no aquí.

Este hombre no solo no entró en coma. No solo no se desplomó. Tuvo el nivel de consciencia suficiente para agarrar un volante, pisar el embrague, meter marcha y salir a la carretera. Una acción que implica **coordinación motora fina, integración sensorial y planificación ejecutiva**.

Es decir, lo que se supone que desaparece con el triple de alcohol que tú tras tres cervezas.

¿La explicación? Pueden ser múltiples:

- **Tolerancia extrema**, fruto de años de consumo crónico.
- **Mutación genética poco común**, que hace que metabolice el alcohol a un ritmo sobrehumano.
- **Órganos hiperfuncionales**, especialmente hígado y páncreas, trabajando como un motor biturbo.

¿Y ESTO QUÉ DEMONIOS ES?

¿Qué significa «g/L»?

«g/L» es la abreviatura de **gramos de alcohol por litro de sangre**. Es la unidad estándar que se usa para medir la alcoholemia, es decir, **la concentración de etanol circulando por tu sistema sanguíneo**.

Cuando bebes, el alcohol pasa al estómago, luego al intestino delgado y de ahí directamente a la sangre. Una vez en el torrente sanguíneo, **empieza a circular libremente por todo tu cuerpo**, afectando al cerebro, al hígado, al corazón... y a tu capacidad para distinguir una rotonda de un meteorito.

Veamos algunos hitos de esta escala infernal:

- **0,3 g/L**: Ya puedes tener reflejos más lentos y cometer errores tontos.
- **0,5 g/L**: El límite legal en muchos países. Ya estás borracho para conducir.
- **1,5 g/L**: Visión doble, andar torcido y pensamientos que crees geniales... hasta que los oyes en voz alta.
- **3 g/L**: Entras en **coma etílico**. Urgencias. Tubos. UCI.
- **5 g/L**: Esto ya no es una borrachera. Es un parte de defunción en espera.
- Y luego está **6,26 g/L**. Eso no se mide. Se **documenta con incredulidad**. A ese nivel, **el alcohol ya no**

es un invitado molesto: es el dueño de la fiesta. Literalmente, más del 0,6 % de tu sangre es etanol. Es como si llevaras una minidestilería dentro de cada glóbulo rojo.

¿Y TÚ?

Te estarás preguntando si esto es real o parte de una campaña para evitar que bebas.

Y ya que estás, cuéntanos: **¿qué locura al volante has presenciado tú?**

(La más bestia la incluiremos en la próxima edición. Prometido).

CAPÍTULO 7

Furgonetas que humillan a Ferraris

¿Quién dijo que una furgoneta no podía darte una patada en el pecho al acelerar?

Las furgonetas tienen fama de ser lentas, prácticas y aburridas. Son las mulas del asfalto. Vehículos pensados para cargar palets, llevar niños a entrenar o fugarse un finde al camping con media casa a cuestas. No levantan pasiones, no decoran portadas de revistas, no hacen soñar a un chaval de catorce años.

Pero en todo zoológico hay una especie rara. Una mutación. Una bestia que no sigue las normas.

Existe una subespecie secreta, una **élite con forma de ladrillo**, que desafía todo lo que creías saber sobre las furgonetas. No están aquí para ayudarte a hacer mudanzas. Están aquí para dejar atrás a deportivos de 80.000 euros, con siete plazas, equipo de sonido, y a veces... con un corazón prestado de un Porsche 911.

No son muchas. Pero son reales. Y lo que han hecho por el orgullo de los furgoneteros anónimos merece un altar.

Este ranking no va de utilidad, ni de maleteros, ni de plazas ISOFIX. Va de velocidad. De ingeniería absurda. De decisiones que solo podían tomar locos con acceso a un banco de pruebas y barra libre de gasolina.

N.º 5. Mercedes Vito V280 VR6

El *crossover* germano que no sabías que existía

Abrimos la lista con una de esas rarezas técnicas que solo ocurren cuando los fabricantes aún tenían alma, o al menos, ganas de liarla. Porque sí: hubo una época en la que **Volkswagen y Mercedes-Benz colaboraban**. El fruto de esta aventura fue una Vito equipada con un **motor VR6 de origen VW**, concretamente un 2.8 litros que entregaba 174 caballos.

¿Resultado? Una furgoneta familiar que superaba los **184 km/h**. Lo que en los noventa era básicamente un misil para padres con prisa.

La anécdota loca: este modelo fue un matrimonio de conveniencia entre los gigantes alemanes, algo que hoy sería impensable. ¿Mercedes con motor VW? En 2025 eso suena a sacrilegio. En 1996, era una jugada pragmática.

Ah, y por cierto: **el nombre «Vito» viene de Vitoria**, ciudad donde Mercedes fabrica estas joyas desde 1981. Sí, España metiendo motor alemán y sacando músculo industrial antes de que estuviera de moda.

N.º 4. Volkswagen Transporter T5 R32

La furgoneta que sonaba a Nürburgring

Esto no fue una furgoneta cualquiera. Fue una locura con ruedas. En un momento de absoluta inspiración (o desenfreno), alguien en Volkswagen decidió plantar el **motor del Golf R32** —un 3.2 litros VR6 con 230 caballos— en una T5.

El resultado: una furgoneta que aceleraba como un compacto deportivo y alcanzaba los **205 km/h**. Pero lo mejor no era su velocidad. Era su sonido. Ese rugido metálico, ese gorgoteo de escape que hacía que las madres de la escuela se giraran... por razones muy distintas.

Estas furgonetas eran tan escasas que hoy duran menos en Wallapop que una PS5 en pandemia. Y eso no es todo: **se usaron en España para transporte urgente de órganos humanos**.

Literalmente: alguien pensó que el corazón de un donante merecía llegar con clase, sonido VR6 incluido.

Y tú, mientras tanto, atrapado en tráfico con un híbrido que ni suena.

N.º 3. Mercedes Viano V8 Brabus

Cuando la elegancia se mete esteroides

Aquí subimos de nivel. De nivel... y de cilindrada.

Esta Viano no es la que ves en el aeropuerto recogiendo ejecutivos. Esta es una versión obscena y maravillosa firmada por **Brabus**, el preparador alemán que convierte coches normales en bestias con corbata.

Motor: **V8 de 6.0 litros**.
Potencia: **426 caballos**.
Velocidad punta: **245 km/h**.

Sí, esto es real. Una furgoneta capaz de dejar atrás a deportivos de seis cifras mientras tú vas con siete pasajeros y el aire acondicionado a tope.

Brabus rediseñó desde la suspensión hasta los escapes, logrando una máquina que no solo corría como un superdeportivo... **sino que podía llevarte la compra al mismo tiempo**.

Favorita indiscutible del narrador original, y con razón. Es como si un Maybach y un AMG tuvieran un hijo secreto y lo criaran con cariño... y gasolina de alto octanaje.

N.º 2. Porsche B32

La furgoneta que Porsche construyó... porque lo necesitaba

Y aquí viene **una historia de rally, desierto y pura necesidad mecánica**. A principios de los ochenta, Porsche tenía un problema: necesitaba un vehículo de apoyo rápido para seguir el ritmo de sus coches en el **Rally Dakar**.

¿La solución?

Tomaron una Volkswagen T3 y le plantaron un motor de **Porsche 911**, concretamente un seis cilindros bóxer de 3.2 litros con **231 caballos**.

El resultado fue la **Porsche B32**, una criatura extraña que alcanzaba los **185 km/h** y que combinaba la estética de panadero alemán con las tripas de un 911.

¿Se fabricó en serie? En teoría, no. En la práctica, **sí**: entre diez y quince unidades, que hoy son tesoros rodantes para coleccionistas muy frikis (y muy ricos).

Una pieza de ingeniería que nació por necesidad... y acabó como mito. Y lo mejor es que **parece un microbús**, pero **te suena como si vinieras de Le Mans**.

N.º 1. Mercedes-Benz MB1 AMG

Cuando España fue AMG antes de que fuera *cool*

Y llegamos al puesto más alto. No es la más rápida. Pero es **la más icónica**.

Corría el año 1981. En Vitoria, Mercedes producía una furgoneta algo tosca pero robusta: la MB1. Hasta aquí, normal. Pero en 1989, alguien en la marca tuvo una visión: «¿Y si AMG la reinterpreta?».

Lo que nació fue una auténtica rareza: **la primera furgoneta española tuneada por AMG**. Modificaron TODO:

- Parrilla, faros, parachoques, llantas, pintura bitono, kit aerodinámico.
- Interior de cuero con lujo a la alemana.
- Y el motor diésel OM616 pasó de 72 a **100 caballos**, lo que en 1981 era **casi ilegalmente rápido para una furgoneta**.

Muchos piensan que el primer AMG diésel fue el C30. Mentira. Esta MB1 fue **el verdadero abuelo**.

No ganó carreras. No rugía como un V8. Pero fue **la primera Mercedes AMG fabricada en España**, y eso, amigo, la convierte en una leyenda.

¿Y ESTO QUÉ DEMONIOS ES?

¿Qué es un motor VR6?

Imagina que un motor en línea y un motor en V tienen un hijo rebelde. Eso es un **VR6**. Inventado por Volkswagen a principios de los noventa, este motor es una genialidad de la ingeniería alemana: **seis cilindros colocados en V, pero con un ángulo tan cerrado (15°) que casi parecen alineados**.

¿La ventaja? Cabe donde normalmente solo cabría un cuatro cilindros. Pero te da **la suavidad, el par y el sonido** de un seis. Un bloque compacto, fácil de montar en coches más pequeños... o, si te da por la locura, en una furgoneta.

Y el sonido... Ese **ronroneo grave y metálico**, ese gorgoteo que te revienta el pecho cuando aceleras... es tan icónico que muchos lo prefieren incluso al de un V8.

Dicen que hay ingenieros japoneses que todavía lloran al escucharlo.

En resumen: el VR6 es como un ninja musculado. Discreto por fuera. Demoledor por dentro.

EL DATO QUE ME VOLÓ LA CABEZA

Una furgoneta Porsche compitiendo en el Dakar. Suena a broma, pero pasó. Y no solo una vez.

En los años ochenta, Porsche participaba en el **Rally Dakar** con el legendario **959**, una bestia diseñada para devorar desiertos a 200 km/h. ¿El problema? Necesitaban un vehículo de apoyo que pudiera seguirles el ritmo. Y no valía cualquier cosa: debía llevar recambios, herramientas, y si hacía falta, a media escudería colgada de los asientos.

¿La solución? No fue un Cayenne (aún no existía). Fue una **Volkswagen T3** con esteroides. Porsche cogió su motor de 911, se lo calzó al microbús, reforzó lo justo y lo lanzó al infierno del Dakar como si tal cosa.

El resultado: la **Porsche B32**, la furgoneta más *punk* de la historia. Con **231 caballos** y alma de deportivo, **podía seguir a los coches de rally... y adelantar a más de uno en asfalto**.

Imagina el panorama: arena, calor, dunas hasta el infinito... y detrás del coche más avanzado del planeta, un microbús cuadrado que ruge como un 911 y acelera como si llevara prisa por vivir. Una escena tan absurda, tan épica, que hoy parece sacada de una peli de Wes Anderson con banda sonora de AC/DC.

¿Y TÚ?

¿Te comprarías una furgoneta deportiva o te parece una herejía?

Cuéntanos cuál añadirías tú a este ranking.
¿La Renault Espace F1? ¿La Ford SuperVan?
¿La furgoneta de Scooby-Doo con un Hellcat?
Todo puede pasar.

CAPÍTULO 8

Los que beben menos gasolina (y se ríen de los híbridos)

¿Un coche gasolina que gasta menos que tu cafetera? Existen. Y no hablamos de coches eléctricos disfrazados de gasolina ni de híbridos hipercomplejos que parecen una lavadora con ruedas. No. Hablamos de gasolina pura, sin cables, sin excusas... y con consumos que parecen de ciencia ficción.

La revista *Car and Driver* publicó recientemente un ranking que ha hecho sudar a más de un ingeniero europeo: los cinco coches gasolina que menos consumen del mercado en la actualidad. Algunos son tan ligeros que parece que flotan. Otros, directamente, desafían las leyes de la física: más grandes, más potentes... y, aun así, consumen menos que el *scooter* de tu cuñado.

¿El más bestia? Una berlina que, en lugar de presumir, directamente **humilla** al resto. El tipo de coche que te hace replantearte si de verdad necesitas un híbrido para ahorrar.

Aquí va el top, cargado de sorpresas, detalles mecánicos que molan, aunque no los entiendas del todo... y alguna colleja emocional para esos fabricantes europeos que se han quedado echando la siesta mientras Mazda les pasa por encima con un motor que parece brujería japonesa.

N.º 5. Toyota Aygo X Cross

- **Motor**: 1.0 litros, 3 cilindros.
- **Potencia**: 72 CV.
- **Consumo homologado**: 4.8 L/100 km.

Este micro-SUV urbano es como ese colega bajito que siempre se cuela en la discoteca: pequeño, ágil y más listo de lo que aparenta. El Aygo X Cross ha sido diseñado para devorar ciudad sin devorar gasolina. Tiene pinta de coche para jóvenes con espíritu manga, pero también es el favorito de muchos que quieren un segundo coche sin dramas.

Aunque se llame «Cross», lo más *offroad* que ha pisado es una tapa de alcantarilla mal puesta. Pero da igual: consume lo mismo que una moto de 125 cc y tiene aire acondicionado, Bluetooth y dignidad.

N.º 4. Suzuki Swift Hybrid

- **Motor**: 1.2 gasolina + sistema *mild hybrid*.
- **Potencia combinada**: 83 CV.
- **Consumo homologado**: 4.73 L/100 km.

Pequeño, ligero y más eficiente que el Excel de tu contable. No hace mucho ruido en redes, pero se ha ganado a pulso una legión de fieles que buscan eficiencia real sin caer en la moda del enchufe. La microhibridación ayuda en momentos clave, como al salir del semáforo o en cuestas, y sin que te enteres. Bienvenido a la era del ***mild hybrid***.

N.º 3. Mazda 2

- **Motor**: E-Skyactiv G con desactivación de cilindros.
- **Potencia**: 90 CV.
- **Consumo homologado**: 4.71 L/100 km.

Mazda es ese estudiante que nunca presume, pero siempre saca matrícula. El Mazda 2 es discreto por fuera, pero esconde un corazón de ingeniero japonés con obsesión por la eficiencia. Su truco estrella es apagar cilindros cuando no hacen falta. Así que a veces circulas con dos... y ni te enteras.

Puede circular con dos cilindros apagados. Sería como

correr una maratón con una pierna dormida... y ganarla. Y todo sin perder suavidad ni pegada en el pedal.

N.º 2. Fiat 500 Hybrid

- **Motor**: 1.0 gasolina + motor eléctrico de 3.6 kW.
- **Potencia combinada**: No asusta, pero cumple.
- **Consumo homologado**: 4.6 L/100 km.

El único europeo del ranking. Y encima italiano. Es como un espresso: pequeño, estiloso y con un golpe de energía donde lo necesitas. Tiene un sistema híbrido ligero que ayuda justo en esos momentos en que el motor térmico se pondría a tragar más de la cuenta. Resultado: consumo de mechero sin perder glamour.

N.º 1. Mazda 3 Skyactiv-X

- **Motor**: 2.0 gasolina con encendido por compresión.
- **Potencia**: 186 CV.
- **Consumo homologado**: 4.5 L/100 km.

Y llegamos al rey. No es un utilitario. No es un coche «pequeño». No lleva baterías ni truquitos. Es una berlina con 186 caballos que te da en la cara con datos: consume menos que coches con la mitad de potencia. Mientras los demás están intentando descubrir cómo demonios lo ha hecho Mazda, este coche ya está en el garaje de los que no quieren renunciar a nada.

Tiene el doble de potencia que el Swift, pesa más, es más grande... y gasta menos. Es como si Vin Diesel comiera menos que un modelo vegano de pasarela. No cuadra. Pero ahí está.

EL DATO QUE ME VOLÓ LA CABEZA

En 2007, Toyota presentó el **1/X Concept** (pronunciado «one over X»), un prototipo que redefinía la eficiencia automotriz. Con un consumo estimado de **2.9 L/100 km**, este vehículo superaba incluso al Prius de la época, duplicando su eficiencia en un paquete de tamaño similar.

El secreto residía en su construcción ultraligera: pesaba solo **420 kg**, aproximadamente un tercio del peso de un Prius convencional. Esto se logró mediante el uso extensivo de **plástico reforzado con fibra de carbono**, un material más común en superdeportivos que en vehículos ecológicos.

Bajo el capó, el 1/X albergaba un motor de **500 cc** de combustible flexible combinado con un sistema híbrido enchufable, todo ubicado debajo del asiento trasero y propulsando las ruedas traseras. Esta configuración no solo optimizaba el espacio interior, comparable al de un Prius, sino que también contribuía a una distribución de peso eficiente.

A pesar de su innovación, el 1/X nunca llegó a producción. Demasiado radical para su tiempo, demasiado caro y posiblemente demasiado frágil para las carreteras reales. Sin embargo, sigue siendo un testimonio de lo que es posible cuando se desafían las convenciones.

¿Y ESTO QUÉ DEMONIOS ES?

¿Qué es un *mild hybrid*?

Un *mild hybrid*, o híbrido ligero, es como ese amigo que no conduce, pero te empuja cuando el coche se queda sin batería.

No es un eléctrico, no se enchufa, y no te va a llevar en modo «cero emisiones» por el centro de la ciudad. Pero ayuda. Y mucho.

Básicamente, combina un motor de gasolina con **un pequeño motor eléctrico** y una batería de **48 voltios**. ¿Para qué? Para darte un empujoncito extra en momentos clave: al arrancar, al acelerar o al parar en un semáforo.

Y todo eso sin que tengas que hacer nada, ni buscar enchufes.

Cómo funciona (sin volverte loco)

- **Motor eléctrico auxiliar**: Te echa una mano cuando pisas el acelerador. No suple al motor principal, pero lo alivia.
- **Frenada regenerativa**: Cada vez que frenas, recupera energía. Como si cada vez que te quejas en el trabajo, te pagaran más.
- **Start/Stop**: Se apaga solo en los semáforos. Y se enciende cuando lo miras mal.
- **Batería de 48V**: Guarda la energía como un banco de propinas para el motor.

¿Y qué ganas tú?

- **Menos gasolina gastada** → Más birras a fin de mes.
- **Menos CO_2 emitido** → El planeta respira un poquito más tranquilo.
- **Etiqueta ECO** → Puedes entrar en ciudades donde a los diésel les gritan.
- **Más suave en ciudad** → Porque todo lo que pasa, pasa sin que lo notes.

¿Y TÚ?

¿Cuál es el coche más eficiente que has tenido?
¿Te atreverías con un Mazda 3 que consume como una Vespa? ¿O eres más de «gasta mucho, pero cómo tira»?

Déjalo en los comentarios. O mejor aún: convence a tu cuñado con datos. (Es más difícil que hacer 4.5 L/100 km en ciudad... pero se puede).

PARTE III

COCHES VIRALES, EXTRAÑOS Y DE TIKTOK

CAPÍTULO 9

Los coches que solo existieron en Sudáfrica (y los queremos todos)

Hay mercados importantes y luego está Sudáfrica: un país donde las marcas europeas, japonesas y americanas no solo vendían coches... los reinventaban. A veces por necesidad. A veces por restricciones comerciales. Y otras veces, simplemente porque podían.

Durante décadas, el aislamiento político (hola, *apartheid*), los altísimos aranceles a la importación y una demanda local nada despreciable dieron lugar a un fenómeno único: **coches exclusivos, fabricados solo para Sudáfrica**, algunos con configuraciones tan locas como un Civic con sello AMG o un BMW que te obligaba a elegir entre girar el volante o no morir asfixiado.

Aquí va nuestro homenaje a cinco de los más deseados. Porque si te gusta el motor, vas a babear.

N.º 5. Honda Civic AMG

Sí, has leído bien: Honda + Mercedes + AMG. Y sin drogas de por medio.

Esta historia es como ver a Apple fabricando móviles Android en secreto. En los ochenta, Mercedes-Benz quería ofrecer un modelo compacto en Sudáfrica sin tener que desarrollar uno desde cero. Honda, por su parte, buscaba aliados para plantar cara a Toyota y Nissan. ¿Solución? Un matrimonio de conveniencia: Mercedes montaba el Civic y lo vendía como Honda Balade. Y entonces llegó AMG.

En su etapa previa a ser absorbida por Mercedes, **AMG aún preparaba lo que le daba la gana**, y el Civic les pareció una buena base. Así nació el **Honda Civic AMG** o **Honda Balade AMG**: un *sleeper* total.

- Motor de 1.6 litros, 170 CV, distribución variable, y un sonido que no parecía japonés.
- Equipamiento de lujo: cuero, suspensión específica, llantas a medida.
- Todo el coche venía «hasta arriba», como si fueras a competir con él… o venderlo al narco local.

Durante años, este Civic AMG fue más exclusivo que cualquier Type R. Y más raro de ver que un unicornio con matrícula de Johannesburgo.

N.º 4. Ford Sierra XR8

Cuando Ford cogió un V8 del Mustang y dijo: «¿Y si lo metemos en un Sierra?».

A veces, las marcas hacen cosas porque *pueden*. Otras veces, porque **necesitan homologar un coche de carreras**, como era el caso del XR8. ¿La base? Un Ford Sierra. ¿La locura? El motor V8 5.0 del Mustang Fox Body. ¿El resultado? Una berlina familiar con alma de *muscle car*.

- 250 unidades fabricadas justo para homologación.
- Pensado para correr en el Grupo 1, donde no bastaba con potencia: había que hacerlo «domable».
- El V8 tenía más par a bajas revoluciones que el Cosworth, lo que lo hacía más fácil de llevar... y más duro de adelantar.

N.º 3. BMW 333i

El M3 que nunca llegó a Europa. Y que casi nadie conoce.

BMW quería competir en el Grupo 1, pero en Sudáfrica el acceso al motor del M3 original (el famoso S14 de 4 cilindros) era complicado. Así que hicieron algo aún más bestia: meter el **motor M30 «Big Six» de 3.2 litros**, un bloque de 6 cilindros que era una catedral de par motor.

- 197 CV y 285 Nm en 1985: pura brutalidad.
- Velocidad punta: 228 km/h.
- 0 a 100 en 7,2 segundos.
- Autoblocante, suspensión modificada, caja de cambios Getrag del M3.
- Y una decisión difícil: el motor ocupaba tanto que **tenías que elegir entre aire acondicionado o dirección asistida**.

Desarrollado con Alpina. Solo 210 unidades fabricadas. Hoy es pieza de museo. O de garaje de coleccionista loco. Y sí, hay quien pagaría más por un 333i que por un M3 E30 original.

N.º 2. Opel Astra 200 TS

El Astra que no era para ir al Carrefour.

Este coche nació para arrasar. Opel tomó el bloque turbo del Calibra 2.0 y lo metió en el chasis compacto del Astra. El resultado: **204 caballos de furia con tracción delantera**, un bicho que superaba los 235 km/h y que, durante un tiempo, humillaba a cualquier cosa con 4 ruedas en el semáforo.

- Al principio daba 215 CV, pero hubo que bajarlo porque se calentaba como horno de pizza.
- Las versiones sudafricanas del Astra también se vendían como **«Cadet»**.
- Se fabricaron 350 unidades del Astra 200 TS y unas 500 del Cadet 200 TS (probablemente carrocería sedán).

N.º 1. Opel Cadet Big Boss / Super Boss

La saga final. El apocalipsis africano. El *boss*.

Estos dos modelos se merecen compartir el trono. El **Big Boss** nació primero: motor Cosworth, 160 CV, 244 unidades. Era rápido, rabioso... y con un nombre de videojuego. Pero Opel pensó: «No es suficiente».

Así llegó el **Super Boss**:

- Mismo motor, pero con árboles de levas de competición (probablemente marca Schrick o similar).
- Corte elevado a 7.000 rpm.
- 170 caballos atmosféricos en un compacto de tracción delantera.
- Estaba diseñado para ganar. Y ganó.

EL DATO QUE ME VOLÓ LA CABEZA

Sudáfrica tuvo un BMW exclusivo con más cilindros que el M3... ¡y sin aire acondicionado!
El BMW 333i no fue creado solo para el mercado sudafricano. Fue tan bestia que **no había espacio físico en el vano motor** para meterlo todo. Literal. El bloque «Big Six» de 3.2 litros era tan grande que **tenías que elegir entre dos lujos básicos**: o dirección asistida o aire acondicionado.

¿Y qué hacían los compradores?

Pues depende:

- Si vivías en Johannesburgo, igual preferías girar sin romperte los bíceps.
- Pero si eras de Durban, donde el verano te derrite las pestañas, mejor pasabas calor... girando con sudor.

Un coche que te obligaba a tomar decisiones de vida o muerte en el concesionario. **Ni el M3 te planteaba esos dilemas filosóficos**.

¿Y ESTO QUÉ DEMONIOS ES?

¿Un Opel Cadet no era un Astra? ¿O sí? ¿O cómo?

Vale, vamos por partes, porque esto es como cuando tu primo argentino te dice que su Chevy es un Opel, pero luego le abre el capó y parece un V8 americano con resaca. En Sudáfrica pasaba algo parecido.

Allí, el **Opel Kadett** (con «K» en sus inicios, luego adaptado a «Cadet» por pura fonética inglesa) era básicamente **un Opel Astra**, pero con nombre diferente. No era una versión recortada ni una edición especial: era el mismo coche vendido bajo otro nombre... hasta que dejaba de serlo.

¿Por qué tanto lío? Porque durante los años ochenta y noventa, Sudáfrica tenía políticas de fabricación local muy estrictas. Para poder vender coches, muchas marcas tenían que adaptar nombres, configurar líneas de ensamblaje específicas y hasta crear «versiones nacionales» de modelos europeos. Y ahí es donde entra el Cadet.

- **Exteriormente era un Astra**, sí.
- Pero podía tener **componentes distintos**, motores específicos, o preparaciones únicas como los **Big Boss** y **Super Boss**.

- El nombre «Cadet» se mantuvo porque **ya era conocido localmente** y Opel no quería liarla cambiando el *branding* a media década.

Es como si en España le hubiéramos llamado «Opel Pepe» al Astra. Pero luego le metemos un motor turbo de 200 caballos, le bajamos la suspensión y decimos: «esto no es un Astra, es un *arma*».

Dato de locos: El «Cadet» fue durante años uno de los coches más vendidos en Sudáfrica, con una comunidad de fans casi religiosa. Hay concentraciones solo de Cadets, foros exclusivos y hasta clubes de Super Boss que rivalizan en culto con los del BMW M3.

Resumen: El «Cadet» sudafricano **era un Astra... hasta que dejaba de serlo**. Porque en África, hasta los compactos tienen alma de bestia.

¿Y TÚ?

¿Qué coche serías en esta historia?

¿Un Civic AMG con alma dividida? ¿Un Sierra XR8 que parece funcionario pero lleva esteroides?

Cuéntanos en redes: ¿cuál te llevarías a casa? ¿Cuál debería volver? ¿Y cuál debería tener su propia peli de acción?

CAPÍTULO 10

Copias chinas que casi engañan (y alguna que mejora el original)

Los chinos copian. Lo sabes tú, lo sé yo, y lo sabe hasta tu cuñado. Pero una cosa es fusilar unas Adidas en AliExpress y otra, mucho más gorda, es calcinar con descaro el diseño de un superdeportivo europeo... y venderlo tan ricamente.

Y ojo: algunos no solo se parecen, es que los ves por la calle y juras por el alma de tu mecánico que son originales. Aquí van seis copias descaradas (y un bonus que te hará sangrar por los ojos).

N.º 6. BAIC BJ40

¿Un Jeep Wrangler tuneado por un mecánico con TikTok? No, aunque lo parezca. El **BAIC BJ40** es un SUV chino que fusila sin pudor la silueta del Wrangler y el frontal del Grand Cherokee. Y por si fuera poco, su nombre remite sospechosamente al **Toyota FJ40**, como si estuvieras viendo una peli de Marvel donde todos los personajes son de Hacendado.

Pero lo más marciano no es su diseño, sino lo que lleva debajo del capó: el legendario **motor SAAB B235**, un bloque turboalimentado de 2.3 litros con raíces suecas. Un motor que en los noventa convertía berlinas discretas en misiles de autopista. Aquí aparece, reencarnado, dentro de un SUV con pinta de yanki cabreado en medio de un atasco de Pekín.

231 caballos de potencia, tracción total, reductora... y un diseño que, sinceramente, podrías ver en un *Call of Duty* ambientado en Mongolia.

N.º 5. BAIC BJ80 (Clase G versión Aliexpress)

Si te lo cruzas por la calle, es probable que te pares a hacerle una foto pensando que se trata de un **Mercedes-Benz Clase G**. Sí, ese mismo que sale escoltando a dictadores, raperos o agentes secretos con trajes a medida. Pero no: este **no es un G-Wagen**. Es su *primo bastardo* salido de un taller chino con WiFi y sin miedo al copyright.

Se llama **BAIC BJ80**, y es tan parecido al Clase G que incluso podrías convencer a tu cuñado de que lo ha visto en el garaje del mismísimo Cristiano Ronaldo. El diseño exterior es un calco de los modelos de Mercedes-

Benz: líneas rectas, pasos de rueda cuadrados, portón trasero con rueda colgada... Lo tiene todo. Hasta los retrovisores parecen haber sido esculpidos con la misma regla.

Pero al levantar el capó, el juego cambia. No hay V8 alemán. En su lugar, otra reliquia del pasado: un **motor SAAB**. Sí, otra vez. Concretamente, un bloque turboalimentado que entrega **250 caballos** de potencia. No está mal para una copia, aunque sigue lejos de los más de 500 CV de los AMG reales.

N.º 4. BAIC Wanshou C60 (Urus de saldo)

Copiar un **Lamborghini Urus** no es como falsificar unas zapatillas. Es meterse en la jaula del toro con una fotocopiadora y mucha cara. Pero BAIC lo ha hecho. Y lo más fuerte es que... **les ha salido bonito**.

Este **Wanshou C60** clona las líneas del Urus con una fidelidad sospechosa. Tiene la misma actitud de «me paso el carril por donde quiero», con parrilla agresiva, tomas de aire sobredimensionadas y cintura alta de SUV musculado. Si lo ves venir por el retrovisor, te apartas. Si lo escuchas, te ríes.

Porque ahí llega el giro: **motor 2.0 turbo, 4 cilindros, 195 caballos**. El equivalente automovilístico a un culturista con voz de flauta.

Y es que, a pesar del tamaño, la eficiencia es absurda. ¿Cumple normativas? Dicen que sí. ¿Nos lo creemos? No mucho. «Se pasan las leyes anticontaminación por el forro», comenta con media sonrisa el narrador. Y es probable que tenga razón.

¿Dimensiones iguales al Urus? Quién sabe. Pero al menos estéticamente, si lo ves de noche, con niebla, y llevas gafas sucias... te lo crees.

N.º 3. Copia del Audi R8 (eléctrica y hereje)

Hay cosas que no deberían hacerse. Mezclar ColaCao con gazpacho, ponerle piña a la tortilla... o **copiar un Audi R8 y convertirlo en eléctrico**.

Pero en China, los límites del sacrilegio automovilístico son más bien orientativos. Así nace esta cosa sin nombre oficial, pero con una cara que grita **«soy un R8, créeme por favor»**. Tiene la silueta, las entradas de aire, los faros... Todo lo que hace que un R8 sea un R8. Menos lo importante.

Porque donde debería rugir un **V10 Lamborghini de alto octanaje**, hay silencio. Literal. **Motor eléctrico. 150 caballos**. Y ni rastro del alma original.

Es como pintar un mural de Freddie Mercury y ponerle voz de reguetón. Es como comprarte un Rolex de plástico que da la hora con retardo.

¿Corre? Poco. ¿Suena? No. ¿Impacta? Por supuesto. Porque ese contraste entre aspecto de superdeportivo y rendimiento de coche compartido da para terapia psicológica.

¿Lo peor? Que el R8 original **ya no se fabrica**. Así que este impostor podría ser lo más parecido que muchos vean jamás. Y eso duele. Más que el par máximo, que tampoco es para tirar cohetes.

N.º 2. Landwind X7 (la copia que China prohibió)

Copiar un coche en China no es noticia. Es casi tradición. Pero el **Landwind X7** rompió una regla no escrita: **no copies tan bien que pongas en aprietos a tu propio Gobierno**.

Porque esto no es una «inspiración lejana» ni un «homenaje visual». Es un clon descarado del **Range Rover Evoque**, tan bien copiado que hasta la **autoridad china de propiedad intelectual dijo «basta»**. Y eso es decir mucho. Es como que el árbitro del partido se levante y expulse a su propio equipo.

190 caballos, mismo diseño, misma silueta, mismas proporciones. Hasta las llantas parecían haber salido del mismo catálogo. Algunos dicen que era incluso **más fiable que el original**. ¿Atrevimiento? ¿Realidad? ¿Puro troleo? El narrador no se moja, pero deja caer un «quizá hasta mejor», que suena a cuchillada suave en dirección Coventry.

Este coche rompió el sistema. Un Frankenstein tan bien hecho que hizo saltar las alarmas... de la fábrica original.

Por eso hoy es leyenda. No por lo que fue, sino por lo que provocó: **la única vez que China dijo «hasta aquí»**. Y en el mundo de las copias, eso equivale a quemar el santo grial.

N.º 1. Shuanghuan CEO (X5 con faros *tuning*)

Hay que tenerlos bien puestos para copiar un **BMW X5**. Pero hay que tenerlos de titanio para hacerlo, **presentarlo en el Salón de Frankfurt 2007** y que el estand esté **literalmente a un paseo de la sede central de BMW**.

Así es el **Shuanghuan CEO**. Un SUV que no se esconde. Que **no se inspira, se calcó**. Mismo diseño, mismas líneas de cintura, misma estampa de coche premium bávaro. Si le pones un logo de BMW con pegamento del chino, **cuela**. Y no solo de lejos. Cuela en la puerta de una discoteca.

«Es un X5 con faros *tuning* y alma de todo a cien», sentencia el narrador.

Y es que por fuera te engaña... pero por dentro, la cosa se tuerce. Estas eran las opciones de motorización disponibles:

- **Gasolina atmosférico, 110 CV** → Lo justo para subir un bordillo.
- **Turbo diésel, 115 CV** → Más par, misma decepción.
- **Gasolina turbo, 230 CV** → «Ni tan mal», reconoce el narrador con condescendencia.

Por si fuera poco, el interior tenía ese toque de «BMW con presupuesto de marca blanca». Plásticos duros, acabados irregulares y ese olor a coche nuevo que huele más a fábrica de juguetes que a ingeniería alemana.

Pero lo más flipante no es que existiera. Lo increíble es que **se paseara por Europa con total impunidad**, hasta que BMW puso el grito en el cielo... y en los tribunales.

Copiaron el diseño. Copiaron el logo. Copiaron incluso el descaro. Y durante un tiempo, **casi se salen con la suya**.

BONUS: QR

Bonus track: Frankenstein sobre ruedas

No tiene nombre. Ni debería.

Por delante: cara de **Ferrari F12 Berlinetta**, con esas líneas afiladas que prometen caballos desbocados.

Por detrás: trasero de **Porsche Cayman**, redondeado, compacto, como si alguien lo hubiera copiado con un espejo deformado de feria.

Corazón: motor eléctrico de **120 caballos**. Sí, has leído bien. **Ciento veinte**.

El resultado no es un coche. Es un colapso cultural. Una especie de superdeportivo dibujado por un niño con fiebre y ensamblado por IA sin supervisión.

Por fuera, parece que va a comerse el asfalto.

Por dentro, suena como una Thermomix bajando una cuesta.

Y el rendimiento... bueno, digamos que **un Toyota Yaris híbrido te humilla en los semáforos**.

Diseño de fantasía, alma de patinete.

¿Lo vendieron? El narrador se lo pregunta. Nosotros esperamos sinceramente que **no**. Por el bien del equilibrio del universo. Y del buen gusto.

Es un coche que no debería existir. Y por eso, por supuesto, **existe**.

¿Y ESTO QUÉ DEMONIOS ES?

¿Qué es un motor SAAB B235?

Un clásico entre clásicos. El **B235** fue uno de los motores más míticos de SAAB en los años noventa y la primera década del siglo XXI: **2.3 litros, turboalimentado, robusto como un rottweiler sueco** y con una elasticidad que ponía nerviosos a los BMW de la época.

Montado originalmente en modelos como el **SAAB 9-5 Aero**, era de esos motores que pasaban desapercibidos... hasta que **te adelantaban en una autopista con cara de berlina familiar**. Y tú, sin saber qué diablos te había pasado por encima.

Fiable, bruto y con ese toque de ingeniería rara que tanto gustaba a los fans de la marca.

Un motor de culto, ahora convertido en leyenda pirata.

EL DATO QUE ME VOLÓ LA CABEZA

China prohibió un coche chino.

Y no te creas que fue por contaminar o por sus fallos de seguridad. El motivo de la prohibición fue **copiar demasiado bien**.

El protagonista: el **Landwind X7**, una réplica tan exacta del **Range Rover Evoque** que hasta **el propio Gobierno chino dijo «ya basta»**.

Sí, **el mismo país donde puedes comprar un iPhone, un «HiPhone» y un «AIfone» en la misma tienda**.

El mismo donde hay relojes «Rollex» con más funciones que el original.

Pues ahí, en ese festival del plagio, alguien levantó la mano y dijo: «Oye... esto ya es pasarse».

Cuando China dice que una copia **es demasiado copia, sabes que has cruzado una línea que ni el Photoshop se atreve a tocar**.

¿Y TÚ?

Te estarás preguntando si estos coches existen de verdad.

Cuéntanos: **¿cuál te comprarías con los ojos cerrados... hasta que arranca?**

CAPÍTULO 11

Coches malditos

(Coches que no deberían haberse encendido nunca)

Algunos coches son leyenda por lo que vivieron. Por las victorias que firmaron, por las curvas que conquistaron o por los récords que pulverizaron. Otros, en cambio, se hicieron eternos por lo que arrebataron. No por la velocidad que alcanzaron, sino por la vida que detuvieron. No por su diseño, sino por el vacío que dejaron.

Este capítulo no va de rugidos gloriosos ni de proezas mecánicas. Va de tragedias con matrícula. De coches que no solo transportaron cuerpos, sino destinos. Vehículos que sellaron el final de historias demasiado brillantes, demasiado jóvenes, demasiado humanas.

Cada uno de estos modelos fue testigo del instante exacto en que el mito se volvió leyenda. Algunos por culpa del exceso. Otros, por una casualidad cruel. Todos dejaron una huella que va mucho más allá del asfalto.

Bienvenido al garaje más siniestro del automovilismo. Donde los caballos no galopan: se despiden.

N.º 5. Lancia Thema 8.32. El Ferrari camuflado

Una berlina ejecutiva que, si no sabías de coches, podía parecerte un coche de padre divorciado con pasta. Pero dentro rugía un V8 sacado del mismísimo Ferrari 308.

El Thema 8.32 era una locura de ingeniería italiana: elegante, rápido, rarísimo. Solo se fabricaron 3.971 unidades entre 1986 y 1992. Y una de ellas selló el destino de un pionero.

- **La víctima**: Fernando Martín Espina.
- **Lugar**: M-30, Madrid.
- **Fecha**: 3 de diciembre de 1989.
- **Contexto**: Primer español en jugar en la NBA. Ídolo del Real Madrid. 2,05 m de pura historia.

Iba solo, camino del Palacio de los Deportes. Chocó contra una grúa parada en la vía. Murió en el acto. Tenía solo veintisiete años.

Lo más cruel: en el momento del accidente, Martín había dejado el baloncesto por las lesiones... pero seguía vinculado al club. El coche, comprado meses antes, era uno de sus caprichos soñados.

N.º 4. Porsche 550 Spyder. Little Bastard y la maldición de la velocidad

El Porsche 550 no era un coche. Era un cohete con ruedas y sin red. Solo pesaba 550 kg. El motor estaba en posición central. La respuesta, brutal. La seguridad... nula. Y a su volante, un actor con cara de ángel y alma de temerario.

- **La víctima**: James Dean.
- **Lugar**: Ruta 466 (actual 46), California.
- **Fecha**: 30 de septiembre de 1955.
- **Contexto**: Tenía veinticuatro años. Era la nueva estrella de Hollywood. Acababa de rodar *Rebelde sin causa*.

Se dirigía a una carrera en Salinas. Un Ford Tudor cruzó su camino. Dean intentó esquivarlo, pero fue en vano. Murió horas después en el hospital.

Little Bastard era el apodo que Dean le puso al 550. El coche fue subastado y expuesto... y los accidentes continuaron. Se incendió en varias ocasiones, cayó sobre un mecánico y causó otras lesiones. ¿Casualidad o coche endemoniado?

N.º 3. BMW 2800.
La carretera que se llevó una voz

España estaba empezando a mirar hacia Europa. Y en la radio sonaba una voz de oro: la de Nino Bravo. El cantante de «Libre», «Un beso y una flor» o «Noelia» estaba en el pico de su carrera. Pero la carretera no tiene piedad con nadie.

- **La víctima**: Nino Bravo (Luis Manuel Ferri Llopis).
- **Lugar**: Nacional III, entre Madrid y Valencia.
- **Fecha**: 16 de abril de 1973.
- **Contexto**: Viajaba con su guitarrista, su mánager y su técnico de sonido.

El coche perdió el control en una curva. Se salió de la carretera. El único que murió fue Nino. ¿El motivo? No llevaba el cinturón de seguridad.

Se ha dicho que iba distraído, buscando un casete. No se sabe con certeza. Pero el BMW 2800 era un coche potente (170 CV), trasera, sin ayudas electrónicas. En mojado, una trampa.

N.º 2. Mercedes-Benz S280 (W140). La noche que se apagó París

Este coche no necesitaba presentación. Era el coche de los poderosos. Blindado. Robusto. Un búnker con ruedas.

Y, aun así, no pudo salvarla.

- **La víctima**: Diana Spencer, princesa de Gales.
- **Lugar**: Túnel del Alma, París.
- **Fecha**: 31 de agosto de 1997.
- **Contexto**: Huyendo de los paparazzi junto a Dodi Al-Fayed.

El coche circulaba a más de 100 km/h por un túnel limitado a 50. El conductor, Henri Paul, estaba ebrio. Ninguno llevaba cinturón. El único superviviente fue el guardaespaldas, que sí lo llevaba.

La historia oficial dice que fue un accidente. Pero no faltan las versiones alternativas: servicios secretos, conspiraciones reales, encubrimientos. Incluso hubo una investigación judicial británica que concluyó: «Muerte por conducción temeraria bajo influencia del alcohol».

Pero el mito sigue creciendo.

N.º 1. Porsche Carrera GT. El final más cruel para Paul Walker

El Carrera GT era un coche legendario. Un **V10 atmosférico** de 5.7 litros, más de 600 CV, sin control de estabilidad.

Un coche pensado para pilotos profesionales. Y, sin embargo, también era legal para la calle.

- **Las víctimas**: Paul Walker y Roger Rodas.
- **Lugar**: Santa Clarita, California.
- **Fecha**: 30 de noviembre de 2013.
- **Contexto**: Walker estaba en un evento benéfico de su fundación Reach Out Worldwide, recaudando fondos para víctimas del tifón Haiyan.

Rodas conducía. Perdió el control a 130 km/h. El coche impactó contra un poste y un árbol. Ardió. Ambos murieron calcinados.

El Carrera GT no perdona. No tiene ayudas. No tiene ABS moderno. Es como llevar una katana en un pasillo. Además, los neumáticos del coche tenían nueve años. Dureza, pérdida de agarre, riesgo de explosión. Ingredientes para la tragedia.

EL DATO QUE ME VOLÓ LA CABEZA

James Dean no solo conducía Little Bastard; lo mimaba. Días antes del accidente, lo llevó al taller para hacerle una puesta a punto especial: suspensión más baja, barras antivuelco y un sistema de competición que le permitiera exprimir cada curva como si fuera el set de una película de acción.

Al ver el coche, un mecánico soltó una frase en tono de broma que con el tiempo sonaría a epitafio: **«Ese coche te va a matar»**.

Pero lo realmente escalofriante ocurrió el 23 de septiembre, justo siete días antes del accidente. Dean se topó con Alec Guinness en Los Ángeles —sí, el mismísimo Obi-Wan Kenobi— y, entusiasmado, le mostró su nuevo Porsche 550 Spyder. Guinness lo miró con inquietud y le soltó una frase que parece sacada de un guion de ciencia ficción: **«Si te subes a ese coche, estarás muerto en una semana»**.

¿Y ESTO QUÉ DEMONIOS ES?

¿Qué es un V10 atmosférico?

Vamos por partes, que suena a cosa de ingeniería espacial.

- **«V10»** significa que el motor tiene **diez cilindros** colocados en forma de V. O sea, cinco a un lado y cinco al otro, como si fueran dos manos rezando... por tu alma, cuando lo pisas a fondo.
- **«Atmosférico»** quiere decir que **no lleva turbo ni compresores**. El aire entra a pulmón, como en los viejos tiempos, sin asistencia artificial.

¿Resultado?

Un motor que **grita en vez de silbar**, que entrega la potencia de forma brutal y progresiva, y que necesita ir alto de vueltas para sacar lo mejor de sí.

Es como un cantante de ópera: no necesita micrófono, pero si no está en forma, no da el do de pecho.

En el Porsche Carrera GT, este V10 venía heredado de la Fórmula 1.

Sí, has leído bien: era un motor pensado para competir en Le Mans. ¿Usarlo en ciudad? Como llevar un tigre al veterinario.

¿Y TÚ?

¿Alguna vez te has planteado qué coche te llevaría al otro barrio?

Te estarás preguntando si todo esto es real.

Y si conoces más casos, cuéntanos.

PARTE IV

EL OLIMPO DEL MOTOR

CAPÍTULO 12

Los más rápidos de cada casa

Top 10 de los coches más potentes jamás fabricados por las marcas que más venden

Aquí no venimos a hablar de coches normales. No hay SUV híbridos, ni utilitarios que «van bien en ciudad». Aquí hablamos de **monstruos**.

Lo mejor de lo mejor. Los *final bosses* del volante. Si estas marcas fueran reyes, estos serían sus dragones. Pura furia bajo el capó. Aquí no hay utilitarios, hay misiles con matrícula.

Estos son **los diez coches más potentes jamás creados por las diez marcas más vendidas del planeta**. No es una lista de opiniones, es una pasarela de leyendas. Aquí no hay modestia, hay velocidad. Y ruido. Mucho ruido.

N.º 10. FORD GT (2017)

La bestia azul.

Este no es un superdeportivo cualquiera. Es el heredero directo del **GT40**, el coche que en los años sesenta humilló a Ferrari en Le Mans y dejó a Enzo con los puños apretados. Pero este nuevo **Ford GT** no vino a homenajear. Vino a **repetir la jugada**. Y lo hizo.

No mide 40 pulgadas de alto, así que no pudo llamarse **GT40**. Pero da igual. Mide más en rabia, en tecnología y en selección natural.

- Motor: **V6 Ecoboost** de competición.
- Potencia: **Más de 800 CV**.
- Precio: **1,7 millones de dólares**.
- Exclusividad: **Solo 67 unidades**.
- Disponibilidad: **Ford te tenía que invitar** a comprarlo. Literalmente. No bastaba con tener dinero. Tenías que ser digno.

Y sí, algunos puristas lloraron porque llevaba un **V6 en vez de un V8**. Pero resulta que ese V6 **pesaba menos, consumía un 30 % menos y corría más**.

N.º 9. Chevrolet Corvette ZR1 (2018)

Cuando el músculo se viste de gala.

Olvídate del típico Corvette para jubilados de Florida con zapatillas blancas y calcetines altos. Esto no es eso. Esto es un **ZR1**, una bestia con etiqueta americana y alma de superdeportivo europeo... pero con anabolizantes legales.

Presentado en Dubái —porque si vas a enseñar músculo, mejor hacerlo delante de gente que se lo puede permitir—, este **V8 6.2 litros sobrealimentado** es un puñetazo al gusto refinado. Son **755 caballos**, entregados sin modales, con el rugido de un demonio asmático con megáfono.

Este es el **Corvette más potente jamás fabricado**. Y sí, alcanza **los 340 km/h** sin despeinarse, con una aerodinámica que parece sacada de un avión de combate y un alerón que podrías usar como barra de dominadas.

Pero lo mejor es que, a diferencia de muchos de sus rivales europeos, **este coche sigue teniendo pedigrí callejero**. No se avergüenza de su pasado de *muscle car*. Solo que ahora, además de rectas, también sabe girar.

N.º 8. Mercedes-AMG One (2022)

Esto no está «inspirado en la F1». Esto **es** F1.

Mercedes dejó de jugar a hacer deportivos refinados y se propuso algo que ninguna otra marca había conseguido: **meter el motor de un Fórmula 1 real en un coche de calle. Sin filtros. Sin concesiones. Sin vergüenza**.

El resultado es el **AMG One**. Un coche que monta exactamente el **mismo motor** que llevaba el monoplaza de **Lewis Hamilton** en su temporada gloriosa: un **V6 híbrido de 1.6 litros**, sí, pero acompañado de **cuatro**

motores eléctricos y una electrónica que parece más de la NASA que de Stuttgart.

En total: **1.063 caballos. 11.000 rpm. Y una cara de pocos amigos**.

El sonido no es bonito. Es violento. Como una máquina de afeitar gigante a punto de explotar. El coche **tarda más en calentarse que en hacer el 0 a 100**. Porque, sorpresa: **está pensado para rodar por encima de las 8.000 revoluciones. Todo lo demás le aburre**.

La batería se carga sola gracias a un sistema de recuperación energética directamente traído del circuito. Y no, no está pensado para ser cómodo, ni para aparcar en el Lidl. Está pensado para que entiendas lo que es **la violencia sofisticada**.

Si tienes el dinero, enhorabuena. Pero eso no te da derecho a comprarlo. Porque Mercedes ha sido selectiva. Muy selectiva. Solo se han producido **275 unidades**. Y todas están ya en manos de tipos con apellidos que suenan a marcas de relojes.

N.º 7. BMW XM Label Red

Esto no es un deportivo. Es un delirio.

El **BMW más potente de la historia** no es un M3, ni un M5, ni un coche que sueñes con meter en un circuito. Es un **SUV híbrido enchufable de casi tres toneladas** que parece diseñado por alguien con resaca.

Tiene **748 caballos**, un **V8 híbrido**, un precio ofensivo y un diseño que hace llorar a los puristas de BMW.

Lo llaman **XM Label Red**, pero podría llamarse «¿por qué, BMW?». Porque esto **no huele a Nürburgring. Huele a Wallapop dentro de cinco años**.

Corre, sí. Mucho. Pero también pesa más que tus decisiones mal tomadas y gira con la gracia de una lavadora industrial.

Un coche que resume muy bien los tiempos que corren: exceso, potencia y ninguna necesidad real.

N.º 6. Nissan R390 GT1 (1998)

El samurái olvidado.

Nissan quiso entrar en Le Mans. ¿La condición? Fabricar una unidad de calle. ¿La solución? Montar un **prototipo de carreras con matrícula**. Nació así el **R390 GT1**, un unicornio japonés con alma de bestia.

Llevaba un **V8 derivado del RB28 DET**, preparado por la división Nismo, que en pista **rozaba los 1.100 caballos**. En la calle, «solo» **750**, pero no te engañes: **era más rápido que cualquier cosa japonesa hasta entonces**.

Solo existe **una unidad homologada para carretera**. Es como si Ferrari hubiera parido un monstruo... pero se lo hubiera quedado para sí.

N.º 5. Kia Stinger GT (2017)

Antes de que Kia decidiera fabricar electrodomésticos con ruedas, sacó esto: el **Stinger GT**, un sedán deportivo con alma de *muscle car*.

Motor **V6 biturbo de 3.3 litros**, **366 caballos**, tracción trasera y un diseño que no tiene nada que envidiar a coches mucho más caros.

Pero no. Nadie lo compró. Porque era «un Kia».

Ahora está **descatalogado**. Y cuando lo busques en el futuro, te dirán: «Sí, hubo una vez un Kia que molaba». Y te lo dirán con nostalgia.

N.º 4. Hyundai i30N Performance

Olvídate del Ioniq 5N con efectos de sonido de nave espacial. El verdadero deportivo de Hyundai fue este: el **i30 N Performance**.

280 caballos, diferencial autoblocante, sonido brutal y **comportamiento afilado**. Un compacto que se codeó con los mejores de su categoría sin complejos.

No hacía falta disfrazarlo de nada. Ni ponerle iluminación azul ni pedales con lucecitas. Era **puro disfrute al volante**. Y lo sigue siendo. Si te cruzas con uno bien cuidado: cómpralo, pide perdón y disfruta.

N.º 3. Honda NSX (segunda generación)

El **NSX moderno** fue el intento de Honda de demostrar que todavía sabía hacer coches de verdad.

Motor **V6 biturbo** con asistencia eléctrica, **581 caballos combinados**, tracción total inteligente y un chasis que parece diseñado por un cirujano obsesionado con la perfección.

No suena como el antiguo, ni tiene el alma analógica del original, pero corre **más que la mayoría de Ferraris modernos**.

Una obra de ingeniería japonesa en plena era del exceso, que **no presume... pero arrasa**.

N.º 2. Volkswagen W12 Nardò (2001)

Volkswagen juntó dos motores VR6 en un bloque absurdo de **12 cilindros en W** y lo metió en un prototipo que acabó batiendo récords: el **W12 Nardò**.

450 caballos, **360 km/h**, diseño afilado y datos escandalosos. Lo más escandaloso: **VW perdía 28.000 euros por cada unidad vendida**. Y vendió más de 84.000.

Sí, existió. Aunque parezca mentira. Hoy en día es un bicho raro, pero en su día fue **el grito de guerra del grupo Volkswagen diciendo: también sabemos correr**.

N.º 1. Toyota GT-One (1998)

Para correr en Le Mans, Toyota solo tenía que fabricar **dos unidades de calle**. Y lo hizo. Con un coche que **superaba los 360 km/h y pesaba 900 kilos**.

Motor **3.6 V8 biturbo**, **610 caballos** en versión homologada y una aerodinámica que parecía sacada de un videojuego.

Es, literalmente, **el coche más radical jamás creado por Toyota**. Y tal vez el más olvidado. Porque nadie lo podía comprar. Solo existió para ganar. Y casi lo hace.

EL DATO QUE ME VOLÓ LA CABEZA

El motor del Mercedes-AMG One tiene una vida útil de 50.000 km... y necesita mantenimiento como si fuera un avión.

No es una exageración. El bloque híbrido que deriva del monoplaza de Hamilton **tiene que desmontarse y revisarse cada pocas decenas de miles de kilómetros**, porque no está pensado para vivir. Está pensado para **competir, ganar y morir joven**.

Es tan extremo que **tarda más en calentarse que en hacer un 0 a 300 km/h**. Literalmente. Y lo más loco: si usas el modo *Race Plus*, el sistema suspende todas las ayudas electrónicas y se activa un chasis activo que **solo puede usarse en circuito cerrado**.

Así que sí, puedes decir que tienes un F1 en casa. Pero prepárate para tratarlo como si fuera un gremlin: **si lo usas mal, se convierte en tu ruina**.

¿Y ESTO QUÉ DEMONIOS ES?

¿Por qué un coche se llama GT40? ¿Y por qué el Ford nuevo ya no?

GT40 no era un nombre de fantasía. Significaba literalmente «Gran Turismo» y «40 pulgadas de alto». El original medía solo 1,02 metros. El Ford GT moderno no baja de 1,10..., así que lo del «40» quedaba raro. En otras palabras: **no es que el nuevo sea más alto, es que tú has engordado**.

¿Y TÚ?

¿Qué coche de esta lista serías según tu estilo de vida

Haz *check* en cada afirmación que te describa y mira el resultado:

- ☐ Duermes menos de 5 horas y te crees mejor que los demás por eso.

- ☐ Has comprado algo solo porque Elon lo tenía.
- ☐ Tu coche tiene menos caballos que tu batidora, pero tú dices que «es suficiente».
- ☐ Te has hecho un Excel para ver si podías comprarte un Cayman.
- ☐ Conduces como si estuvieras escapando de tu ex (aunque vayas a por pan).
- ☐ Llevas Spotify Premium solo para escuchar cómo suena un V8 sin anuncios.

Resultados:

- **1-2 *checks*** → *Honda NSX*: tranquilo pero letal.
- **3-4 *checks*** → *Kia Stinger*: alma de quemado, presupuesto de oficinista.
- **5-6 *checks*** → *Mercedes One*: drama, velocidad y un poquito de megalomanía.
- **7 o más** → *Toyota GT-One*: no deberías existir, pero gracias por hacerlo.

CAPÍTULO 13

Cilindro a cilindro, hasta el infinito

Los motores más potentes del mundo según su número de cilindros

Aquí no hay empate técnico. Solo un campeón por cilindrada. Esto no es una lista, es la **Champions League de los pistones**. Una orgía de bloques y caballos donde cada cilindro cuenta. Si tu coche lleva alguno de estos motores, enhorabuena: formas parte de la élite de la termodinámica. O del club de los que no volverán a ver un consumo por debajo de 12 litros.

2 cilindros: Fiat TwinAir Turbo (Fiat 500)

- **Cilindrada**: 0.9 L.
- **Potencia**: 105 CV.
- **0-100 km/h**: 9,9 s.
- **Velocidad máxima**: 190 km/h.

Puede parecer una broma, pero este pequeño motor de 2 cilindros es todo menos tímido. Deriva de la línea TwinAir de Fiat, y cuando se asocia a un 500 ligero, el resultado es puro descaro urbano.

Un **mechero con mala leche**, capaz de dejar en ridículo a más de un SUV blandito. Y sí, gasta poco... si consigues no llevarlo siempre a fondo, cosa difícil porque el sonido que hace invita a la guerra.

3 cilindros: Toyota G16E-GTS (Yaris GR)

- **Cilindrada**: 1.6 L.
- **Potencia**: 272 CV (261 en Europa).
- **0-100 km/h**: 5,5 s.
- **Velocidad máxima**: 230 km/h.

El motor más radical por cilindro que se ha montado jamás. Un tricilíndrico que se comporta como si tuviera complejo de V6. En el Yaris GR, este bloque se transforma en un arma homologada para carretera, con tracción total, cambio manual y rabia concentrada.

Cada cilindro te da 90 caballos. Más que algunos compactos enteros.

Lo ves pequeño. Luego arranca. Y entonces **te muerde la cara**.

4 cilindros: Mercedes M139 (AMG A45)

- **Cilindrada**: 2.0 L.
- **Potencia**: 420 CV.
- **0-100 km/h**: 3,9 s.
- **Velocidad máxima**: Más de 270 km/h.

Mercedes se propuso hacer el motor de 4 cilindros más potente del planeta. Y lo consiguió. Este bloque no solo rinde más de 200 CV por litro; también sobrevive al trato diario sin romperse.

Es una especie de milagro técnico: cada cilindro entrega más de 100 caballos, lo que lo convierte en un insulto a la lógica... y al seguro.

La ingeniería alemana en estado de locura controlada.

5 cilindros: Audi 2.5 TFSI (TT RS)

- **Cilindrada**: 2.5 L.
- **Potencia**: 400 CV.
- **0-100 km/h**: 3,7 s.
- **Velocidad máxima**: 296 km/h.

La joya de la corona de Audi. Cinco cilindros que rugen como si fueran diez.

Hereda la tradición de los Audi Quattro de *rally* y lo mezcla con tecnología moderna.

A partir de 3.000 vueltas, el sonido se transforma en algo **que no debería ser legal**. Y la aceleración hace que dudes de que solo haya cinco pistones en acción.

Una especie de animal mitológico: raro, potente y adictivo.

6 cilindros - Porsche 3.8 biturbo (911 GT2 RS)

- **Potencia**: 700 CV.
- **0-100 km/h**: 2,8 s.
- **Velocidad máxima**: 340 km/h.

Este es el coche con el que Porsche decidió dejar de ser educado. El GT2 RS no pide permiso: **arrasa**.

Su motor bóxer biturbo de 6 cilindros es un monstruo de precisión. Sube de vueltas con rabia, empuja como una locomotora y te dice, sin palabras, que esto **no es para cualquiera**.

Correr así con solo 6 cilindros es de locos. Pero en Porsche, son locos de los buenos.

V8: Hennessey Fury V8 (Venom F5)

- **Cilindrada**: 6.6 L biturbo.
- **Potencia**: 1.842 CV.
- **Velocidad máxima**: Casi 490 km/h.

Este V8 no suena. **Explota**.

Lo fabrica Hennessey en Estados Unidos, y su único objetivo es superar los 500 km/h. El bloque tiene más esteroides que un culturista en Las Vegas, y sus cifras directamente rompen el Excel.

Con casi 2.000 caballos y menos de 1.400 kilos de peso, este V8 es capaz de alterar tu percepción del tiempo.

No lo conduzcas. **Sujétate a él**.

V10: Dodge Viper 8.4L

- **Potencia**: 640-645 CV.
- **Velocidad máxima**: Más de 320 km/h.

Este motor no fue diseñado con amor. Fue diseñado con rabia.

El V10 del Viper es un bloque de camión disfrazado de coche deportivo. Es rudo, es torpe y, en manos equivocadas, directamente asesino. Pero también es glorioso.

El **motor más americano que existe**: más litros que tu coche y más par que una discusión de Navidad.

V12: Ferrari 812 Superfast

- **Cilindrada**: 6.5 L.
- **Potencia**: 800 CV (**atmosférico**).
- **0-100 km/h**: 2,9 s.

El último de una especie. Un V12 atmosférico sin turbos, sin baterías, sin filtros. Solo pistones, gasolina y una melodía que **suena como si Italia entera estuviera cantando ópera en llamas**.

Ferrari lo ha exprimido hasta el límite y lo ha montado en un chasis pensado para domarlo... o al menos intentarlo.

Si amas los motores, este es tu tótem.

W16: Bugatti Chiron / Veyron

- **Cilindrada**: 8.0 L, 4 turbos.
- **Potencia**: 1.500 CV.

¿Y si juntamos dos V8, 4 turbos, 16 cilindros y toneladas de dinero? Sale esto.

El W16 de Bugatti es la ingeniería llevada al extremo. No está diseñado para sonar bien, ni para ser práctico. Está diseñado para **dominar**.

Es lo que pasa cuando el lujo decide acelerar más que nadie. A partir de aquí, la física ya no te acompaña. Solo te persigue.

BONUS: QR

BONUS: Wärtsilä-Sulzer RTA96-C

- **Tipo**: **Motor marino** de 14 cilindros.
- **Potencia**: 108.700 CV.
- **Par motor**: 7,6 millones Nm.
- **Aplicación**: Barcos portacontenedores.

El **Wärtsilä RT-flex96C** no es un motor. Es una declaración de poder. Un bloque diésel de **dos tiempos** con **tur-**

bocompresor, diseñado no para correr... sino para **empujar ciudades flotantes** por los océanos del mundo. Mide **13,5 metros de alto** y **27 de largo**, lo que significa que si lo pones en vertical, **es más alto que un edificio de cinco plantas**. Pesa más de **2.300 toneladas**, y en su versión de 14 cilindros **desarrolla más de 114.000 caballos de potencia**, o lo que es lo mismo: **el equivalente a 570 Volkswagen Golf GTI trabajando a la vez y sin derecho a vacaciones**.

No tiene árbol de levas convencional, ni bombas inyectoras como las que conoces. En su lugar, utiliza un sistema ***common rail*** gigante, combinado con **actuadores hidráulicos**, y un sistema de lubricación separado entre la zona de combustión y el cigüeñal, gracias a una **cruceta con rodamientos** que mantiene el pistón en vertical como si fuera una lanza de guerra. Cada combustión se lubrica con un aceite especial de alto rendimiento que se **inyecta gota a gota**, como si fuera un suero de adrenalina pura. Y cuando el pistón baja, además de empujar con furia, **comprime el aire del cilindro vecino**, haciendo que el motor trabaje como un sistema cerrado y autoalimentado... **como una central nuclear con pistones**.

¿Lo mejor? Funciona a **menos de 100 rpm** y, aun así, **no hay tren, avión o cohete que pueda igualar su par motor**: 7,6 millones de Nm. Lo arrancas hoy, y puede seguir funcionando dentro de veinticinco años sin parar. Por eso mueve barcos como el **Emma Mærsk**, que no transportan gente... transportan el mundo. Ropa, electrónica, coches, tu lavadora nueva. Todo ha viajado alguna vez gracias a este motor. Así que la próxima vez que pienses que tu coche tiene «mucha fuerza», recuerda que hay algo en el mar que empuja más que todos tus caballos juntos... **y ni siquiera se molesta en acelerar**.

EL DATO QUE ME VOLÓ LA CABEZA

El motor Mercedes-AMG M139 del A45 saca más caballos por litro que un Bugatti Chiron.

El 4 cilindros 2.0 del AMG A45 desarrolla 420 CV, lo que significa 210 caballos por litro sin ayuda híbrida.

El W16 del Bugatti Chiron tiene 8.0 litros y 1.500 CV, lo que da 187,5 caballos por litro.

Así que sí: el Mercedes A45 tiene una relación potencia/cilindrada más salvaje que el coche más caro y rápido del planeta.

Y encima puedes llevarlo al súper. Con climatizador.

El mundo está mal. Y nos encanta.

¿Y ESTO QUÉ DEMONIOS ES?

Cuando un motor se describe como **«atmosférico»**, significa que **no lleva ningún tipo de sobrealimentación**. Es decir, **no tiene turbo ni compresor**. Lo que entra por la admisión es **solo aire a presión atmosférica**, empujado por el propio movimiento de los pistones y válvulas, sin ayuda extra. Es la forma más pura —y también más exigente— de hacer que un motor respire.

En un motor turboalimentado, el aire se comprime antes de entrar en el cilindro, lo que permite meter más oxígeno y, por tanto, **quemar más combustible y generar más potencia con menos cilindrada**. Pero en un atmosférico, todo depende de la geometría, la gestión electrónica, la calidad de materiales y la **velocidad de giro del motor**. Por eso los motores atmosféricos suelen tener un **régimen de revoluciones altísimo** para alcanzar su potencia máxima.

¿Y TÚ?

Tú también tienes un motor favorito, aunque no lo digas.

Igual es ese **V12 atmosférico** que nunca has escuchado en directo, pero que aún te pone los pelos de punta en YouTube. O ese **tricilíndrico nervioso** que te salva cada mañana de llegar tarde al curro.

O puede que no tengas coche, ni moto, ni ningún tipo de vehículo, pero aun así te tragas comparativas de cilindros como si fueran capítulos de tu serie favorita.

Da igual. Si has llegado hasta aquí, es porque **te importa**.

Porque sabes que un motor no es solo lo que hace que un coche se mueva. Es lo que **te conecta con algo más primario**, más sucio, más ruidoso y más visceral que cualquier app eléctrica silenciosa.

Así que sí: puede que no seas Bugatti, ni Porsche, ni Wärtsilä. Pero **el día que escuchaste un motor rugir de verdad, algo dentro de ti también empezó a moverse**.

CAPÍTULO 14

Sirenas supersónicas

Los diez coches de policía más rápidos del planeta

A veces, el crimen no duerme. Y otras veces, directamente, **sale disparado a 350 km/h por una autopista desierta a las tres de la mañana**. Para esos casos, un Dacia Logan no basta. Ni un radar. Hace falta un coche que no solo persiga... sino que intimide y alcance la llamada «**velocidad disuasoria**».

Pero seamos honestos: muchos de los coches que vas a ver aquí **no patrullan barrios conflictivos ni persiguen al ladrón del estanco**. Están hechos para otra cosa. Para presumir. Para exhibirse en ferias, redes sociales y vídeos promocionales donde el coche es más importante que la ley.

Estos son los vehículos que los cuerpos policiales más excéntricos del mundo han añadido a su flota. Algunos tienen sentido. Otros, ni por asomo. Pero todos tienen algo en común: **corren más que tú, cuestan más que tu casa y hacen que las esposas suenen a victoria**.

N.º 10. Lamborghini Gallardo (carabinieri)

- **Motor**: V10, 560 CV.
- **Vel. punta**: 325 km/h.
- **Detalle**: Lamborghini se lo regaló a los carabinieri para fardar. Lo siniestraron a las pocas semanas.

¿Mala suerte? ¿Mala conducción? Lo que está claro es que no era para patrullar en Roma un lunes lluvioso.

N.º 9. Nissan GT-R R35 (Japón)

- **Motor**: V6 3.8L.
- **Potencia**: ~600 CV.
- **Vel. punta**: 330 km/h.

El coche más Godzilla de la comisaría. En Japón no se andan con tonterías.

N.º 8. McLaren MP4-12C (Reino Unido)

- **Potencia**: 625 CV.
- **Vel. punta**: 333 km/h.

Más rápido que cualquier ladrón, menos eficaz que una taza de té con la reina.

N.º 7. Ferrari FF (Emiratos Árabes)

- **Motor**: V12.
- **Potencia**: 660 CV.
- **Vel. punta**: 335 km/h.
- **Espacio para cuatro**: Delincuentes + agentes = familia feliz.

Porque detener a alguien en un Ferrari es más efectivo que leerle sus derechos.

N.º 6. LaFerrari (Emiratos Árabes)

- **Potencia**: 960 CV.
- **Vel. punta**: 349 km/h.

Este coche patrulla igual que tú vas al súper... pero en modo Fórmula 1.

N.º 5. Mercedes CLS Brabus Rocket (Alemania)

- **Motor**: V12.
- **Vel. punta**: 362 km/h.
- Usado en autopistas sin límite de velocidad.

En Alemania, hasta los policías tienen complejo de piloto de caza.

N.º 4. Chevrolet Corvette (Florida, Estados Unidos)

- **Motor**: LS V8.
- **Vel. punta**: 367 km/h.

Si huyes en Florida, prepárate para oler a goma quemada y constitución.

N.º 3. Lykan HyperSport (Abu Dhabi)

- **Potencia**: 780 CV.
- **Vel. punta**: 396 km/h.

El coche que salta entre rascacielos... y entre infractores de tráfico. Famoso por la peli *Fast & Furious 7*.

N.º 2. Bugatti Veyron (Dubái)

- **Vel. punta**: 407 km/h.
- **Récord**: Coche policial más rápido del mundo.

Si te persigue uno de estos, no corras... ¡Reza!

N.º 1. Citroën C5 Aircross (España)

- **Motor**: 1.2 PureTech, 130 CV.
- 0-100 km/h en lo que dura un suspiro incómodo.
- Riesgo de incendio según la DGT.

España: donde los policías llevan un coche que se rompe, arde y no corre. Pero, oye, tiene buen maletero.

¿Y ESTO QUÉ DEMONIOS ES?

«Velocidad disuasoria».

Táctica no oficial pero real de algunas unidades policiales: poseer vehículos tan absurdamente rápidos y llamativos que su simple presencia desanima al infractor a huir. Porque si te persigue un Bugatti, ni lo intentas.

Ejemplo en uso:

—¿Para qué necesita la policía de Dubái un Lykan HyperSport?

—Velocidad disuasoria, amigo. Nadie huye si sabe que lo van a cazar... con estilo.

Este concepto resume el verdadero motivo por el que muchos de estos coches están en flotas policiales: no para patrullar, sino para imponer respeto visual, mediático y mecánico. Un coche tan rápido que no necesita correr. Basta con que esté aparcado frente a una discoteca, brillando como una amenaza con matrícula oficial.

EL DATO QUE ME VOLÓ LA CABEZA

En Estados Unidos, la sirena cambia de tono constantemente —ese clásico wiu-wiu-wiu de película— porque está diseñada para atravesar ventanas cerradas y sistemas de audio a todo volumen. En Europa, en cambio, el sonido suele ser más agudo y monótono, pensado para rebotar mejor en calles estrechas y entre edificios.

¿Y los motores? En Japón, los coches patrulla más humildes llevan motores tan pequeños que literalmente no pueden alcanzar a los infractores... salvo que estos se rindan por educación. En contraste, en Dubái, patrullan con Bugattis, McLaren y LaFerrari, aunque más como reclamo turístico que por eficacia real.

Y ojo con esto: en Suecia, los coches de policía tienen calefacción independiente que sigue funcionando incluso con el motor apagado, porque lo importante es que el agente esté caliente aunque no pille al delincuente.

Conclusión: cada país persigue el crimen con lo que tiene. Unos con potencia. Otros con climatizador.

¿Y TÚ?

¿Qué coche patrullero serías según tu personalidad?

Haz *check* en cada afirmación que te describa y mira el resultado:

- ☐ Te pones nervioso cuando suena una sirena, incluso si estás en casa.
- ☐ En los juegos de coches siempre elegías ser el poli.
- ☐ Has perseguido a alguien solo para ver si podías alcanzarlo (*spoiler*: no podías).

☐ Tu coche lleva más adhesivos que potencia.
☐ Te parece una buena idea meter un V12 en un vehículo oficial.

Resultados:

- **1-2 *checks*** → *Lamborghini Gallardo*: policía guapo, pero con mala suerte.
- **3-4 *checks*** → *McLaren MP4-12C*: rápido, elegante, innecesario.
- **5-6 *checks*** → *Bugatti Veyron*: sobras, te pasas, pero molas.
- **+ 6 *checks*** → *Citroën C5 Aircross*: patrullas en modo *chill*. Te persigues a ti mismo, pero tarde.

CAPÍTULO 15

Coches que me rompieron el corazón (y el bolsillo)

Cinco coches sobrevalorados que me flipan... pero no lo valen

Esto no es una crítica con mala leche. Tampoco una lista para trolear por trolear. Esto es otra cosa. Es una confesión amarga, como cuando reconoces que tu ex tenía defectos... pero aún te sigue gustando.

Estos cinco coches me encantan. He soñado con ellos. Los he deseado. Algunos incluso los he tenido. Pero el mercado se ha vuelto loco, y sus precios han subido tanto que me han dejado fuera del garaje... y dentro del drama.

Así que sí: este capítulo es una carta de amor frustrado. Un homenaje a coches que lo tenían todo para ser perfectos, hasta que llegaron los especuladores, los «entendidos» de fin de semana y el *hype*.

Ahora ya no son accesibles. Solo aspiracionales.

Y lo peor es que, aun sabiéndolo... los seguiría queriendo.

N.º 5. Renault Super 5 GT Turbo: el Matapijos

- Apodo de barrio: Matapijos.
- **Potencia**: 120 CV aprox.
- **Problemas**: Corrosión, turbo que explotaba por calor, radiadores de brea, dirección con más juego que un Scalextric.
- **Precio actual**: Hasta 20.000 euros.

Era rápido. Era divertido. Pero también se desmontaba solo. Y ahora cuesta más que un coche nuevo decente.

Me encantaría tener otro. Pero a ese precio, que se lo quede el pijo.

N.º 4. Volkswagen Golf R32 (Mk4)

- **Motor**: VR6 3.2.
- **Potencia**: 250 CV.
- **Problema**: El cambio **DSG** de primera generación, más tóxico que una sopa de murciélago.
- **Comparativa**: Un GTI de 200 CV corre casi igual, y es más fiable.
- **Precio actual**: Más de 20.000 euros.

Suena a gloria. Corre lo justo. Pero no vale lo que piden. Y duele decirlo.

N.º 3. BMW E36 325 «No-Vanos»

- **Variante**: Sin sistema Vanos, la tecnología de BMW para variar el calado del árbol de levas, lo que equivalía a menos potencia, más fiabilidad.
- **Pros**: Fiabilidad brutal, corte precioso, duro como el talón de un indio.
- **Contras**: Consume como un M3, corre como un 323.
- **Precio actual**: Cerca de 10.000 euros.

Ideal si quieres empezar en circuito. Pero por ese precio... quizá hay mejores cosas que rebotar en la curva 3.

N.º 2. JDM S13 / S14 / S15 (Nissan Silvia)

- JDM = Japanese Domestic Market.
- Inflado por *Fast & Furious* y la cultura *drift*.
- **Precio actual**: 20.000-25.000 euros.
- **Favorito personal**: El S14, en cualquiera de sus versiones.

Buen coche, sin duda. Pero la nostalgia y el *hype* lo han subido al Olimpo... de forma algo artificial.

N.º 1. Ford Sierra Cosworth 3 puertas (culopato)

- Coche de bodas del narrador.
- **Motor**: 2.0 turbo, 204 CV.
- A bajas revoluciones no existía, tenías que domarlo.
- **Precio actual**: Más de 50.000 euros.

Una leyenda. Un icono. Un misil que marcó época. Pero también uno de los coches más sobrevalorados del mercado. Y me duele decirlo. Porque ese coche... fue mío. Y ahora no lo volveré a tener.

¿Y ESTO QUÉ DEMONIOS ES?

DSG (Direct-Shift Gearbox): es la caja de cambios automática de doble embrague del Grupo Volkswagen (Audi, SEAT, Skoda, VW). En sus primeras generaciones (años 2003-2010, especialmente en los modelos con 6 marchas y embrague seco en las 7 velocidades), era conocida por sus fallos electrónicos, tirones, desgaste prematuro y costes de reparación absurdos.

El problema: los embragues se quemaban, las centralitas fallaban, los tirones eran constantes y la reparación superaba fácilmente los 3.000 euros, muchas veces más que el valor de reventa del coche que la llevaba.

Y lo mejor: te podía pasar justo fuera de garantía, como si el reloj interno supiera cuándo reventar con precisión alemana.

Conclusión: era como salir con alguien muy guapo que te promete que ha cambiado. Y a los dos meses, te está robando la cartera y pidiendo otra oportunidad.

EL DATO QUE ME VOLÓ LA CABEZA

El sistema VANOS (Variable Nockenwellen Steuerung) era la tecnología de BMW para variar el calado del árbol de levas, mejorando el par motor a bajas revoluciones y la potencia arriba. Es decir: más nervio, más alegría, más respuesta.

¿El problema? Que en las primeras versiones, sobre todo en los años noventa, el sistema Vanos era más caprichoso que un gato borracho. Fallaba, hacía ruido, perdía presión de aceite y acababa haciendo más visitas al taller que al circuito.

Por eso hay quien prefiere el 325 «No-Vanos», la versión sin ese sistema variable: menos potencia, sí —ronda los 192 CV–, pero más fiabilidad, menos averías y un motor que parece de piedra.

Menos nervio... pero más paz mental. Y en un BMW viejo, eso vale oro.

¿Y TÚ?

Seguro que tú también tienes uno.

Un coche que amabas cuando valía poco, cuando nadie lo miraba, cuando solo tú sabías lo que era.

Y ahora cuesta más que un piso en Cuenca, lo vende un flipado con ínfulas de coleccionista, y tú lo observas desde fuera como si hubieras perdido un tren que en su día ni parecía importante.

¿Te suena? ¿Hay un coche que soñaste, que casi tuviste, que tocaste con la punta de los dedos... y que ahora solo puedes ver en subastas ridículas o vídeos de youtubers con gorras planas?

Ese que te gustaba antes del *hype*. Antes de que lo volvieran «icono». Antes de que lo destrozaran a base de pegatinas y especulación.

Pues venga, suéltalo: **¿cuál es tu coche sobrevalorado que te sigue rompiendo el corazón?** Aquí no hay juicios. Solo decepciones compartidas. Y algo de amor que no se apaga.

CAPÍTULO 16

Los cinco mejores Renault de la historia

Ninguno con menos de veinticinco años; ninguno que merezca el olvido

Si hoy en día piensas en la marca Renault, lo más probable es que te venga a la cabeza un Captur gris de *renting*, un Clio con pegatinas de autoescuela o tal vez un Megane al que siempre le falta algo: potencia, batería o dignidad. Renault lleva años siendo ese fabricante de automóviles que sobrevive en la mediocridad del segmento generalista, entre coches funcionales, diseños neutros y ofertas del mes.

Pero no siempre fue así.

Hubo una época en la que Renault hacía coches que daban miedo. Y placer. A la vez.

Modelos que te podían matar en una curva, pero que también te arrancaban una sonrisa cada vez que cambiabas a tercera. Coches que no eran solo medios de transporte, sino artefactos mecánicos con carácter, con mala leche, con ambición deportiva y callejera.

Este capítulo es para recordar esa era.

La de los coches que marcaron época antes de que la marca se convirtiera en sinónimo de «bueno para ciudad».

Aquí no hay SUV ni eléctricos. Solo Renault de verdad: con pistones calientes, tracción juguetona y nombres que aún hoy hacen que a más de uno se le pongan los pelos de punta.

Vamos a por ellos. Porque si hay algo que merece una segunda oportunidad en esta vida, es un Renault con motor atrás y malicia en el escape.

N.º 5. Renault Clio V6: el niño salvaje

El Clio V6 fue una locura con matrícula. Nació como un homenaje al Renault 5 Turbo, pero lo llevó todo aún más lejos. Lo que parecía un simple Clio escondía algo mucho más oscuro: un motor V6 de 3 litros colocado en posición central, justo detrás del conductor. Nada de plazas traseras. Ahí vivía la furia.

Con 230 caballos y 300 Nm de par, este Clio no era un utilitario vitaminado, era directamente **un deportivo radical disfrazado de compacto urbano**. Ganaba 17 centímetros de ancho respecto a un Clio normal, montaba frenos AP Racing y hacía el 0 a 100 km/h en 6,4 segundos. Pesaba 1.390 kg, pero no lo sentías así. Se movía como un gato cabreado.

Eso sí, no era para todo el mundo. Su configuración trasera, su reparto de pesos y su tracción trasera lo convertían en **una bestia indomable si no sabías lo que hacías**. No perdonaba errores. Pero si conseguías entenderlo, domarlo y entrar en su ritmo... te convertías en algo parecido a un dios.

N.º 4. Renault Clio Williams: el impostor glorioso

Cuando Renault lanzó el Clio Williams en 1993, todo el mundo pensó que estaba desarrollado por la famosa escudería de Fórmula 1. Nada más lejos de la realidad: **la vinculación con Williams fue puramente comercial**, aprovechando la circunstancia de que en ese momento Renault suministraba motores a la F1 y dominaban el campeonato.

Pero da igual. Porque el Clio Williams era **una obra maestra mecánica en su segmento**. Montaba una evolución del motor F7R, atmosférico, rabioso, con una respuesta que te conectaba al asfalto con cada giro de muñeca. Aceleraba de 0 a 100 km/h en 7,9 segundos y alcanzaba los 216 km/h. Iba a ser una serie limitada de 2.500 unidades, pero acabaron produciendo más de 12.000. Se les fue de las manos.

Y, aun así, nadie se quejó. Hoy es un coche de culto. Uno de esos compactos deportivos que no necesita cifras escandalosas para justificar su leyenda. Solo necesitas conducirlo. Entenderlo. Y sí, preparar más de

…00 euros si quieres uno decente. Porque **el tiempo lo ha puesto en su sitio**.

N.º 3. Renault 21 Turbo: el misil olvidado

A simple vista parecía una berlina sobria. Pero el Renault 21 Turbo era **una trampa explosiva para conductores distraídos**. Llevaba un motor 2.0 turbo de 175 caballos en un coche de apenas 1.190 kilos. Eso significaba una relación peso-potencia muy seria... aunque montara llantas de 15 pulgadas que no conseguían agarrar nada cuando la potencia entraba a lo bestia.

Debajo de las 3.000 revoluciones no había nada. Pero en cuanto superabas las 3.500, el coche **se transformaba en una catapulta**. Era rápido, visceral, muy directo y —por momentos— difícil de controlar. Pero si sabías lo que hacías, podías humillar a coches mucho más caros.

El narrador recuerda que fue con un 21 Turbo con el que superó por primera vez los 250 km/h en circuito. Eso ya dice todo. Fue un coche de patrulla en Francia durante años, y aún hoy conserva ese aire de **arma secreta para conductores con malas intenciones**.

N.º 2. Renault Safrane Baccara Biturbo Quadra: la berlina imposible

Aquí Renault no quiso competir con Peugeot ni con Opel. Quiso ir **directo a por BMW y Mercedes**. Y para eso diseñó el Safrane Baccara Biturbo Quadra, una berlina de lujo con tracción total, **motor PRV** preparado por Hartge (sí, el preparador alemán de BMW), y 2 turbocompresores KKK que soplaban a 0,5 bares.

Desarrollaba cerca de 270 caballos, pero su potencia **estaba limitada por la caja de cambios**, que no aguantaba más. El coche costaba casi tanto como un M5, pero en ventas fue un fracaso total. Porque nadie quería pagar tanto por un Renault con nombre de perfume.

Hoy es casi imposible encontrar uno. Muchos ni saben que existió. Pero los que lo conocen, saben que fue **una de las mejores berlinas que jamás fabricó Renault**. Silenciosa, potente, eficaz, brutalmente subestimada. Un lobo con corbata que llegó demasiado pronto.

N.º 1. Renault 5 Turbo: el culo gordo más famoso del mundo

No hay discusión. El Renault 5 Turbo es **la cima de la locura creativa de Renault**. Nació en 1978 como una apuesta para homologar un coche para *rally*, y acabó convirtiéndose en un mito instantáneo.

ıontaba un motor 1.4 turboalimentado con un Gaɪret T3, colocado en posición central trasera. Tenía tracción trasera, unos pasos de rueda que parecían estallar de musculatura, y un carácter salvaje. Rendía 160 caballos, que en esa época era **una salvajada para un coche de su tamaño y peso**.

No tenía ayudas electrónicas. No tenía perdón. Tenía actitud. Y apareció hasta en *Dragon Ball*, que es lo más cerca que ha estado un coche de ser un personaje de *anime*.

El Renault 5 Turbo puso a la marca en el mapa internacional del deporte del motor, y aún hoy su sola silueta —con ese **culo gordo legendario**— hace que cualquier aficionado levante la ceja.

Una máquina diseñada para volar bajo y morir joven. Y, sin embargo, sigue viva. En nuestra memoria. En nuestros pósteres. Y en los garajes de quienes entendieron **que un Renault puede ser tan salvaje como cualquier Ferrari**.

¿Y ESTO QUÉ DEMONIOS ES?

El PRV fue el motor V6 que Peugeot, Renault y Volvo se sacaron de la manga cuando decidieron que era mejor unir fuerzas que arruinarse por separado.

Fabricado desde 1974 hasta principios de los 2000, este motor V6 de 90 grados nació con aspiraciones de ser moderno, versátil y europeo hasta la médula. Se utilizó en un montón de coches muy distintos entre sí: desde el Renault 30 hasta el Volvo 760, pasando por el Peugeot 604, el DeLorean DMC-12 (sí, el de *Regreso al futuro*), e incluso en coches de carreras y preparaciones de *rally* o resistencia.

El bloque era de aluminio, bastante ligero para su época, y aunque al principio fue criticado por su aspereza y su entrega perezosa, acabó evolucionando en versiones turbo muy serias. En los Safrane Biturbo, por ejemplo, soplaba con dos turbos KKK, y en versiones de competición llegó a superar los 600 CV.

No era el motor más fino ni el más excitante, pero era fiable, potente en sus últimas versiones, y tuvo más vidas que un gato con contrato de *rally*.

Y si algo lo define, es esto: tres marcas, tres países, y un solo motor para gobernarlos a todos.

EL DATO QUE ME VOLÓ LA CABEZA

El Renault 5 Turbo sale en *Dragon Ball*... y no como fondo: lo conduce Bulma.

Sí, el coche más salvaje de Renault —motor trasero, turbo rabioso y culo gordo— aparece en uno de los *animes* más influyentes de todos los tiempos. Concretamente, en los primeros capítulos de *Dragon Ball*, cuando Bulma y los demás están en la Tierra buscando a Goku tras su llegada del espacio.

El coche tiene el mismo color, las proporciones brutales y la actitud desafiante del modelo real. No es un homenaje sutil ni un diseño «inspirado en»: es un Renault 5 Turbo claramente dibujado y animado con cariño, con sus faros rectangulares, su silueta cuadrada y sus pasos de rueda exagerados.

Que un coche francés de *rally* de los años ochenta acabara siendo el vehículo de una científica genio en un universo de extraterrestres y dioses con coleta no solo dice mucho de su estética... también de su carisma. Pocos coches pueden decir que han sido personajes de acción y leyenda mecánica al mismo tiempo. Este, sí.

¿Y TÚ?

¿Tú también tuviste uno?

Un Renault que olía a aceite caliente, que sonaba raro al arrancar, que se te cruzaba en las rotondas, pero **te hacía sentir el dueño del mundo durante unos segundos**.

Quizá fue un Clio reventado que heredaste de tu primo. O un R5 que nunca conociste, pero al que miras con deseo cada vez que lo ves en un vídeo. Tal vez nunca tuviste uno... pero sabes que **Renault,**

cuando se lo proponía, era capaz de hacer coches con alma.

Así que dime: **¿cuál de estos cinco querrías recuperar, conducir o simplemente tener aparcado en tu garaje aunque no arrancara jamás?**

No por lo que valga. No por lo que corra. **Sino porque, con ese coche, fuiste feliz. O sabes que lo serías**.

CAPÍTULO 17

Los motores más grandes jamás metidos en un coche

Cinco mastodontes de la cilindrada... y un bonus que te va a poner a mirar Wallapop

Aquí no hablamos de eficiencia. Ni de emisiones. Ni de sostenibilidad ni de coches «razonables».

Aquí hablamos de **brutos mecánicos**, de pistones que caben en un cubo de pintura, de motores que si te caen en un pie te destrozan la vida y el garaje.

Cilindradas que no entran en Excel. Par motor para arrancar raíles. Y una filosofía clara: **si puedes medirla en litros, ya es pequeña**.

Porque sí, hubo una época en la que **el tamaño no era una metáfora de estatus, era directamente una amenaza**.

Estos son los motores más grandes jamás montados en coches de calle. Algunos nacieron para correr. Otros, para destruir. Y uno de ellos, directamente, no tiene sentido... por eso lo amamos.

N.º 5. TVR Cerbera Speed 12. El coche que ni su creador se atrevió a vender

Este coche no fue cancelado por la prensa, ni por normas de emisiones, ni por miedo al mercado. Fue cancelado por su propio creador. Literalmente.

TVR construyó el Cerbera Speed 12 con un objetivo claro: romper todo lo que se moviera. Montó un **V12 atmosférico de 7.7 litros** que desarrollaba **880 caballos**, sin turbos, sin ayudas y sin remordimientos. Solo se conocen dos unidades fabricadas. El prototipo llegó a manos del fundador de la marca para una prueba de fin de semana. Volvió el lunes y dijo: **«Esto no se puede vender. Es demasiado peligroso»**. Cancelado.

Así que sí: si hasta tu padre lo prueba y te dice que lo guardes en el sótano, probablemente tengas algo serio entre manos.

N.º 4. Dodge Viper GTS (1996). El *muscle car* que dijo «más grande, por favor»

En los años noventa, Dodge decidió dejar de fingir. Nada de *downsizing*, nada de curvas amables. Solo cilindrada, par motor y una carrocería que parecía dibujada con regla y rabia.

El Viper GTS montaba un **V10 de 7.9 litros** con **450 caballos**. La cifra de potencia era lo de menos. Lo importante era el **bramido cavernoso del motor**, su brutal entrega y el hecho de que quemaba gasolina como tú quemas excusas un viernes por la noche.

Es el primer coche americano en esta lista, y desde luego **parecía un reptil asesino con matrícula**.

No giraba bien. No frenaba demasiado. Pero en línea recta, lo veías desaparecer... y rezabas para no encontrarlo atravesado.

N.º 3. Bugatti Veyron / Chiron. El motor más famoso del siglo XXI

El W16 de Bugatti es el equivalente mecánico a un castillo medieval con láseres. Un motor de **7.993 cc**, **4 turbos**, **16 cilindros**, 1.500 caballos y una fama que va más allá de lo racional.

Porque no es solo grande. **Es obsceno**.

Se refrigeran las culatas con un circuito. El bloque, con otro. **Hay más bombas y válvulas que en la central térmica de una ciudad mediana**.

Y todo eso solo para que puedas pisar a fondo y **superar los 400 km/h con aire acondicionado y radio digital**.

Es un motor diseñado no para correr, sino para **demostrar que, si tienes suficiente dinero, puedes desa-**

fiar las leyes de la física con estilo francés y mala leche alemana.

N.º 2. Cadillac Eldorado. El V8 que pesaba más que el coche

Este V8 de **8.200 cc** (sí, más de 8.2 litros) era **tan enorme que cuando lo arrancabas, subía el precio del petróleo**. Literalmente, 500 pulgadas cúbicas de bloque americano con carburador, aspiración natural y el par de un tractor soviético.

Montado en el Cadillac Eldorado, un coche que ya de por sí era **más salón que automóvil**, este motor no buscaba acelerar: buscaba empujar el mundo con elegancia.

Se fabricó en una época en la que **cuanto más grande, mejor**, y donde las emisiones no eran un problema... porque **nadie hablaba de ellas**.

No era eficiente. No era ágil. Pero daba igual. **Era una declaración de intenciones con ruedas blancas y tapicería de salón de boda**.

N.º 1. Dodge Viper SRT10 ACR. El rey del tamaño

Este sí. El más grande de todos. El motor de coche de calle más gordo que se ha montado jamás.

V10 atmosférico de 8.382 cc. Nada de turbos, nada de híbridos. Solo aire, gasolina y una explosión continua.

El SRT10 ACR no estaba hecho para el día a día. Estaba hecho para **humillar cronómetros, sudar gasolina y hacer que el conductor se ganara cada curva con los dientes apretados**. No había ayudas electrónicas. Lo que tenías era un motor gigantesco, una caja de cambios manual y un volante que te miraba con cara de «¿seguro que quieres hacer esto?».

No tenía capó. Tenía tapa de central térmica.

Y sí, ese motor todavía se sigue buscando hoy. Porque hay cosas que, por absurdas que parezcan, te recuerdan que aún queda locura en el mundo.

BONUS: QR

***Bonus track*: el V8 que puedes comprar hoy (sí, tú)**

Y ahora viene la parte que te va a romper los esquemas.

Hay un motor **V8 de 10.300 cc** que puedes **comprar hoy, en Estados Unidos, y montarlo en tu coche**.

- ¿Potencia? **104 CV**.
- ¿Par motor? Más de **1.100 Nm**.
- ¿Sobrealimentación? Ninguna.
- ¿Rendimiento? Cero. Pero **puede arrastrar una casa sin inmutarse**.

Se trata de un bloque diseñado originalmente para uso industrial, pero que algunos enfermos mecánicos han decidido adaptar a coches personalizados. No corre. No acelera. **Pero si pisas a fondo, la Tierra gira un poco más lento**.

Y lo mejor de todo: está en *stock*.

¿Y ESTO QUÉ DEMONIOS ES?

Nm significa **newton-metro**, y es la unidad que usamos para medir el **par motor**, también conocido como «torque» o «ese empujón que te pega al asiento cuando pisas a fondo».

No es una cifra decorativa: es literalmente **la fuerza que el motor aplica para girar el cigüeñal**. Cuanto más Nm, más empuje. No importa si vas a 20 km/h o a 200: el par es lo que **te lanza hacia delante con rabia**.

Un ejemplo fácil: imagina que tienes una barra de un metro de largo y aplicas un empuje de un newton en un extremo. Eso es un **newton-metro**. En un coche, ese esfuerzo se multiplica **por miles**, y se aplica a las ruedas.

- **Mucho par = fuerza bruta**
- **Muchos caballos = velocidad final**

Por eso los **coches eléctricos te aplastan al salir del semáforo**, aunque no tengan muchos caballos. Porque el par **entra al instante, sin esperar a que suba de vueltas**.

De modo que la próxima vez que veas un coche con 1.100 Nm y solo 100 caballos, no lo subestimes. **Puede no correr... pero si le atornillas una cuerda, arrastra tu garaje entero**.

EL DATO QUE ME VOLÓ LA CABEZA

El TVR Cerbera Speed 12 fue tan salvaje que falló su propia prueba de emisiones... al ralentí.

Sí, el coche no llegó a producción porque su creador lo probó un fin de semana y dijo que era «inmanejable para el público». Pero eso no fue lo único.

Durante las pruebas de homologación, el coche fue incapaz de pasar el test de emisiones incluso estando en punto muerto, porque el V12 atmosférico rugía con tanta violencia que el sistema de medición literalmente no podía registrar los valores de forma estable.

Además, el motor era una fusión de dos bloques de 6 cilindros en línea unidos por el cigüeñal, una locura técnica que rozaba la ilegalidad mecánica. La potencia se estimaba en más de 880 CV... y eso sin turbos.

En resumen: era tan salvaje que ni los sensores de emisiones ni el propio fabricante quisieron enfrentarse a él.

¿El resultado? Solo existen dos. Y uno está encerrado. Por seguridad.

La otra unidad... está en manos de un loco. Por supuesto.

¿Y TÚ?

Tú también has dicho alguna vez: «A mí no me importa la potencia, lo que quiero es par».

Y luego viste un motor con 8 litros, 10 pistones o 4 turbos y te entraron unas ganas terribles de hipotecarte otra vez.

Porque al final, el ser humano no necesita tanto. Pero cuando ve un motor gigantesco, con la cilindrada escrita como si fuera un número de depósito militar, **se activa algo primitivo en el cerebro**.

Así que dime: **si pudieras montar cualquier motor de esta lista en tu coche, solo por el absurdo, por el espectáculo, por el ruido... ¿cuál elegirías?**

Y, más importante aún: ¿lo pondrías en marcha en la calle... o lo arrancarías solo por el placer de asustar a todo el vecindario?

Sabemos la respuesta. Y sí, nosotros también queremos uno.

CAPÍTULO 18

Cinco diésel indestructibles (y uno que se me quedó en el tintero)

Aquí no hablamos de coches bonitos, ni de innovaciones tecnológicas con luces LED. Hablamos de hierros duros, motores feos, pero con el alma de un martillo neumático. De esos que arrancan aunque lleven tres inviernos sin llave, sin batería y sin fe.

Este no es un top basado en modas, foros de postureo ni vídeos de TikTok. Es un ranking sagrado, armado con cuatro criterios que no se negocian:

- Durabilidad.
- Facilidad de potenciación (porque un poco de mala idea nunca sobra).
- Precio razonable.
- Repuestos hasta en la luna de Endor.

Aquí celebramos a los motores que aguantan más que tu ex, que han sido taxi, furgón de panadero, coche de *rally* y coche de bodas... todo con la misma junta de culata.

Prepárate para conocer las mecánicas que los mecánicos aman, que los chatarreros respetan y que los coches modernos solo pueden mirar desde la distancia... con miedo.

N.º 5. Peugeot DW10 CD. El favorito de los taxistas

No corre. No ruge. No te pone los pelos de punta. Pero **tampoco te abandona. Jamás**.

Este 2.0 HDi de 90 caballos es el equivalente mecánico a un zapato cómodo: feo, sí, pero no te da ni un solo problema.

Durante los años noventa y dos mil, **más del 70 % de los taxis en España lo llevaban bajo el capó**. Y si hay un gremio que no perdona averías, son los taxistas.

Duro, económico y con repuestos más abundantes que los vídeos de TikTok: **si quieres saber si algo es fiable, mira qué llevan quienes viven del volante**.

Este motor no presume. No destaca. Pero **llega a 400.000 km sin abrir culata**, y te lo encuentras funcionando en coches que ya ni tienen pintura.

Si sobrevives a tu novia tóxica y a un atasco en agosto con el clima roto, este motor también.

N.º 4. BMW M47 (2.0).
El que pide dos *bricos* y te da una vida

Este 2.0 turbodiésel tiene historia. Y tiene fama. **Mala, al principio. Buena, si sabes tocarlo**.

Montado en coches como el BMW E46 restyling, venía con ciertas costumbres alemanas indeseables: piezas caras, fallos electrónicos, algún que otro susto.

Pero había truco. Mejor dicho: tres.

- **Anulas la EGR**, que traga más porquería que el cenicero de un bar.
- **Despalomillas la admisión** para que no se te vayan las mariposas (literalmente).
- Y le pones un **decantador al filtro del turbo** para que no colapse como tus ganas de vivir los lunes.

Hecho esto, tienes un motor que **te dura más que el coche donde va montado**.

No es perfecto, pero es agradecido. Como una amistad de verdad: si le das cariño, te lo devuelve todo.

N.º 3. Fiat 1.9 JTD.
El diésel que tu cuñado no entendió

Todo el mundo cree que los motores diésel buenos vinieron de Alemania.

Spoiler: **el primer TDI de verdad lo inventó Fiat**. Y el primer sistema ***Common Rail*** **también**.

Así que antes de que Volkswagen vendiera humo con el *diéselgate,* **Fiat ya tenía tecnología que las demás marcas copiaron con disimulo**.

El problema del 1.9 JTD nunca fue el motor. **Fueron sus dueños**.

Manos chapuceras, mantenimientos racaneados y chapuzas de bar hacen que encontrar uno en buen estado sea como pillar una PS5 en 2020.

Pero si das con uno bien mantenido, **tienes un bloque que aguanta lo que le eches**. Literalmente: hay furgonetas con medio millón de kilómetros que aún siguen funcionando con estos motores.

No es el más fácil de potenciar, pero si buscas fiabilidad pura, **este es tu billete a la eternidad**.

N.º 2. BMW M57. El «2JZ diésel»

¿Qué hace falta para que un motor diésel se compare con una leyenda japonesa?

El M57 tiene la respuesta. Este 3.0 L de 6 cilindros en línea fue el alma de muchos BMW E39 (193 CV de serie) y, con las manos adecuadas, **puede superar los 600 CV sin despeinarse**.

Le llaman el «2JZ diésel» por su capacidad de aguantar presión, temperaturas y vida canalla.

Sí, su sucesor (el N57) también es potente. Pero es más delicado que un iPhone sin funda.

El M57, en cambio, **es acero y testosterona**.

Corre, empuja y se ríe del óxido.

Y lo mejor: aún puedes encontrar unidades por precios razonables... aunque cada vez menos. Porque cuando se acaben, se acabó.

N.º 1. 1.9 TDI.
El dios indiscutible del diésel

Hay motores buenos. Hay motores legendarios.

Y luego está el **1.9 TDI**.

Un motor que **ha cruzado países, fronteras y generaciones**, dejando un rastro de aceite... y respeto.

Sus variantes (de 90, 110, 130, 150 caballos... incluso los SDI de 64) **son todas igual de duras**.

Pero lo mejor es su **capacidad de potenciación**: con cuatro cambios bien hechos, puedes doblar su potencia sin sacrificar su longevidad.

Dato real: **25 horas seguidas en el circuito Ricardo Tormo**, subido de 130 a 220 CV, con más de 300.000 km. Y sin quejarse.

Eso no lo hace un motor. Lo hace una bestia.

Este bloque no es solo mecánica. **Es cultura**.

Una religión que tiene templos (los foros), apóstoles (los mecánicos) y herejes (los que no lo respetan).

¿Y TÚ?

Confiesa: tú también conoces **ese motor diésel que aguanta lo que le eches**, aunque no haya entrado en el ranking.

Es posible que sea **ese TDCi al que le hiciste 700.000 km sin cambiar el embrague**, o ese motor que aún arranca aunque tenga más óxido que el Titanic.

Quizá es el de tu viejo Ibiza, el que heredaste de tu padre... y que aún arranca aunque le pongas gasoil del malo.

Yo tengo **uno muy claro en la cabeza**. No lo he metido en esta lista, porque quiero reservarlo para una segunda parte. Pero te doy una pista: **no está aquí, pero debería**.

Así que dime: **¿cuál dirías tú que se me ha olvidado?**

¿Y ESTO QUÉ DEMONIOS ES?

Parece el nombre de una estación de tren chunga, pero no.

El *Common Rail* es el sistema de inyección de combustible más importante del diésel moderno.

¿Traducción rápida para humanos normales? Antes, los motores diésel inyectaban combustible a presión cuando el cilindro lo pedía, **como quien sirve una caña a ojo**. El resultado: consumo alto, mucho humo y menos precisión que un francotirador bizco.

El *Common Rail* cambió las reglas: **usa un único conducto de alta presión común** para todos los inyectores (de ahí lo de *common*), que mantiene el gasoil listo para dispararse **en el momento perfecto**, milisegundo a milisegundo, con una presión brutal (más de 2.000 bares en algunos casos).

¿Resultado?

Menos consumo, menos humo, más potencia y una suavidad que antes solo tenían los gasolina.

Y sí: aunque muchos creen que esto lo inventó Volkswagen... **fue Fiat**.

Porque los italianos saben de motores, de espresso... y de dejar a los alemanes en evidencia.

EL DATO QUE ME VOLÓ LA CABEZA

El motor 1.9 TDI de 90 CV fue diseñado en los años noventa... y aún hoy hay unidades que superan los 800.000 km sin abrir motor.

No, no es un error tipográfico. Ocho-cientos-mil.

Es decir: el equivalente a dar la vuelta al mundo veinte veces. O ir de Madrid a Pekín y volver... cuarenta veces. Y todo eso con el mismo bloque, los mismos pistones y el mismo espíritu inmortal.

Este motor no tenía *Start & Stop*. Ni modo eco. Ni una app para abrir las puertas.

Pero tampoco tenía complejos, ni averías electrónicas absurdas, ni piezas pensadas para romperse en cinco años.

Mientras tanto, tu flamante SUV híbrido se inmoviliza porque el sensor del depósito del limpiaparabrisas se ha despertado sensible.

Así que sí: este motor es un fósil viviente.

Pero uno que aún pisa fuerte, ruge con orgullo... y pasa la ITV como quien pasa a saludar.

PARTE V. *BONUS TRACK*

CABALLOS EN EL CHASIS

CAPÍTULO 19

Viudas sobre ruedas

Las cinco motos más peligrosas jamás fabricadas... y un *bonus* que te sorprenderá

Este capítulo me duele más a mí que a ti.

Porque algunas de estas motos no solo me flipan, **me obsesionan**. Pero seamos honestos: si tu pareja te regala una de estas... igual te está invitando a «probar suerte con san Pedro».

No estamos hablando de motos que «corren mucho». Estamos hablando de **motos que se ganaron el apodo de *Widow Makers* con sangre, asfalto y estadísticas reales**.

Modelos que fueron demasiado brutos, demasiado adelantados a su tiempo o directamente mal pensados. Pura adrenalina... sin red.

Y sí, probablemente me he dejado alguna. Porque este top cabalga entre lo técnico y lo trágico, entre el mito y la ficha de hospital.

Así que, si crees que falta alguna candidata a «creadora de viudas», déjamela en comentarios. Quizá hagamos una segunda parte... si seguimos vivos para contarla.

N.º 5. Yamaha RD 350: la Matapijos original

Esta Yamaha tenía apenas 350 cc, pero era de dos tiempos y derivada de competición. Es decir: **venía del infierno con matrícula**. Su potencia no era descomunal, pero **entraba de golpe, como la colleja que te daba tu padre cada vez que se te ocurría decirle: «Voy a ser youtuber»**.

A eso súmale unos frenos simbólicos, más dignos de una bicicleta de paseo que de una máquina con aspiraciones de misil.

¿Resultado? Primero te engatusaba con su ligereza y sonido. Luego te lanzaba al suelo con un «¿ves por qué no deberías confiar en nadie?».

Combo perfecto para conocer a san Pedro: entrega explosiva + frenos de chiste + piloto joven con exceso de autoestima.

N.º 4. Kawasaki H1F500: la *Widow Maker*

Tricilíndrica, dos tiempos, 500 cc y 60 caballos montados en lo que era, literalmente, **el chasis de una bici con sueños de grandeza**. La prensa no tardó en apodarla *Widow Maker*. No como figura literaria, sino **como advertencia real**.

Frenos... bueno, llamémoslos así por cortesía: monodisco delante y tambor detrás. Aun así, hacía el cuarto de milla en menos de 13 segundos y pasaba de los 200 km/h... en 1975. Y costaba menos de mil dólares.

¿Quién la compraba? Adolescentes. ¿Qué podía salir mal? Todo. Absolutamente todo.

N.º 3. Miko ATK 700: la *Intimidator*

Una de las pocas veces en que una moto **te rompía antes de salir a la calle**. Monocilíndrica, 2T, 685 cc, 82 caballos... y solo 101 kilos.

Eso la convertía en **una *superbike* con cuerpo de moto de enduro**, algo así como ponerle alas a un hacha de guerra.

¿Quieres arrancarla? Patada. ¿Consecuencia? Un 26 % de los usuarios acabaron con fracturas intentando hacerlo.

No es una broma: **la estadística es real y la moto era tan peligrosa parada como en marcha**.

Es como si un doberman con rabia te pidiera mimos. Y tú vas y le das un beso.

N.º 2. Kawasaki ZX10R (2004-2005): el monstruo verde

Más ligera y potente que cualquiera de sus rivales. Un motor de casi 185 caballos, 998 cc y apenas 170 kilos.

Pero no era solo una bestia física: su admisión Ram forzaba el aire hacia el motor como si llevara un turbo integrado.

Y sí, tenía tecnología. Y sí, venía con embrague antirrebote. Pero no perdamos el foco: **esto era una *superbike* camuflada de moto de calle**.

Según las aseguradoras, era **nueve veces más peligrosa que cualquier otra moto de su época**.

Si no sabías lo que hacías, lo averiguabas rápido... en la sala de urgencias.

N.º 1. Cualquier *scooter*: las verdaderas asesinas

No hacen ruido. No levantan pasiones. Pero lideran todos los *rankings* de accidentes. En España, el 23,5 % de los accidentes de moto **los sufren los *scooters***.

Una de cada cuatro motos que se estampan... lleva baúl y ruedas pequeñas.

¿La razón? Su bajo peso, su centro de gravedad inestable, su ausencia de protección y, sobre todo, **la falsa sensación de seguridad que dan**.

Porque el peligro no está en la máquina. **Está en creer que no lo hay**.

Y en eso, **la *scooter* gana por goleada**.

¿Y ESTO QUÉ DEMONIOS ES?

Una *scooter* —o escúter, si lo castellanizas— es una moto urbana **con complejo de tostadora**. Se conduce con los pies juntos, sin marchas, con suelo plano y con un carenado que protege las piernas. La *scooter* es el medio de transporte favorito de todo aquel que quiere moverse por la ciudad sin despeinarse... ni aprender a conducir una moto de verdad.

Su gran ventaja: **no hay cambio manual**. Llevan transmisión automática por variador, lo que permite acelerar como si fuera un secador de pelo en modo turbo. Y suelen tener ruedas pequeñas (de 10 a 14 pulgadas), lo que hace que las tapas de alcantarilla te parezcan minas antipersona.

Pero cuidado con su falsa modestia: **son responsables de 1 de cada 4 accidentes de moto en España**. Así que sí, puede que no rujan. Pero cuando se estrellan, **suena hasta el karma**.

La palabra *scooter* viene del verbo inglés *to scoot*, que significa «deslizarse» o «escaparse rápidamente». En un principio se usó para referirse a aquellos patinetes infantiles que uno empujaba con el pie. Cuando las motos pequeñas con plataforma plana llegaron, heredaron el nombre... y la fama de juguete.

Spoiler: **no lo son**.

EL DATO QUE ME VOLÓ LA CABEZA

La primera moto de la historia... ¡tenía motor de madera!

Mucho antes de que Kawasaki fabricara viudas o Yamaha enviara jóvenes al hospital, **ya había un loco dándole vueltas a la idea de ponerle un motor a una bicicleta**. Ese loco se llamaba **Gottlieb Daimler** (sí, el mismo que luego fundaría Mercedes-Benz) y, en 1885, creó **la Reitwagen**, literalmente «vehículo de montar».

Era una estructura de madera con dos ruedas grandes y dos ruedecillas auxiliares, **y llevaba un motor de combustión interna rudimentario de apenas medio caballo de fuerza**. No tenía frenos. No tenía suspensión. Y sí, ardió en llamas durante una de sus primeras pruebas.

Pero ahí nació todo.

Desde ese día, las motos dejaron de ser una idea y empezaron a ser una amenaza.

¿Y TÚ?

¿Qué moto *viuda-maker* eres según tu perfil de temerario?

Haz *check* en cada afirmación que te describa y mira el resultado:

- ☐ Te has subido a una moto sin saber arrancarla.
- ☐ Llamas «rueda de atrás» a la de delante cuando estás nervioso.
- ☐ Piensas que un mono de cuero es «demasiado».
- ☐ Has llevado casco con auriculares dentro.
- ☐ Crees que «con cabeza» no se disfruta igual.

Resultados:

- **1-2 *checks*** → *Yamaha RD*: te confías, pero acabas derrapando.
- **3-4 *checks*** → *Kawasaki H1F500*: velocidad + inexperiencia = funeral.
- **5-6 *checks*** → *Miko ATK 700*: si no te mata, te lesiona.
- **+ 6 *checks*** → *cualquier scooter*: pareces inocente, pero eres un arma de destrucción urbana.

CAPÍTULO 20

El día en que una moto venció al AVE

ZZR1100: el misil japonés que humilló al tren más rápido de España

Hay motos rápidas. Y luego está **la Kawasaki ZZR1100**, que no solo fue la más veloz de su época... **sino que un día le ganó una carrera al mismísimo AVE**. Sí, al tren de alta velocidad que acababa de inaugurar España como símbolo de modernidad y progreso.

Un duelo insólito.

- **Fecha**: Principios de los noventa.
- **Lugar**: España.
- **Contexto**: El AVE Madrid-Sevilla presume de poder hacer el trayecto para unir ambas ciudades en **menos de tres horas**, gracias a **más de 12.000 caballos de potencia eléctrica**. La prensa de la época habla de revolución ferroviaria.

Y entonces aparece **una moto japonesa con muy mala leche**, una **ZZR1100** con 147 caballos, 280 km/h de punta y una aerodinámica que parece diseñada en un túnel del infierno.

Un motero —anónimo, como los buenos mitos— se planta el casco y dice: **«Voy a llegar antes que el tren»**.

Y llegó antes.

El reto era simple: salir desde Madrid y llegar a Sevilla... antes que el AVE.

Distancia: Unos 471 km.

Tiempo estimado en moto: Poco más de **2 horas y 30 minutos**.

Sin vías, sin estaciones, sin protocolos. Solo asfalto, gasolina y un calendario flexible de puntos de carnet.

Y lo consiguió.

¿Cómo?

Gracias a una combinación de factores:

- Salida inmediata (sin colas ni controles de embarque).
- Aceleración fulgurante.
- Líneas rectas por autovía A-4.
- Y una época sin radares interconectados ni helicópteros Pegasus rondando el cielo.

No fue legal. Pero fue legendario.

EL DATO QUE ME VOLÓ LA CABEZA

La Kawasaki ZZR1100 fue la moto más rápida del mundo durante 5 años seguidos.

Hasta que llegó su heredera, la ZZR1200, ningún otro modelo de serie pudo hacerle sombra.

Y lo mejor: **aún hoy se ven unidades superando los 250.000 km**. No solo volaba: aguantaba el viaje.

¿Y ESTO QUÉ DEMONIOS ES?

ZZR1100

- **ZZR**:

  Es una **serie de motos sport-turismo** de Kawasaki. En Europa, la marca usó «ZZR» para distinguir sus modelos de alto rendimiento, pero con cierta orientación turística (carenados más envolventes, posición de conducción menos radical que una deportiva pura, autonomía mejorada...).

  En otros mercados como Estados Unidos o Asia, este mismo modelo se vendía como **Kawasaki ZX-11**, siguiendo la nomenclatura de la serie Ninja.

  La ZZR era, digamos, la «prima más refinada» de las Ninja.

- **1100**:
  Hace referencia aproximada a la **cilindrada del motor**, que en este caso es de **1.052 cc**, pero que por razones comerciales se redondeaba a 1.100.
  En la industria es común inflar ligeramente el número en la nomenclatura si se acerca lo suficiente, para posicionar mejor el modelo en el mercado. No había aún una ZZR1000, así que 1.100 sonaba más contundente.

Resumen corto:

- **Z**: serie de altas prestaciones.
- **ZR**: sport-turismo.
- **1.100**: motor de 1052 cc.
- En Estados Unidos fue la ZX-11 Ninja.
- En Europa, la llamamos ZZR1100. ¿Por qué? Porque nos gusta ponerles nombre a los monstruos.

¿Su secreto?

- **Motor de 4 cilindros en línea**. Con una cilindrada de **1.052 cc**, refrigeración líquida, doble árbol de levas en cabeza (DOHC) y 16 válvulas. Una arquitectura que garantizaba fiabilidad, entrega progresiva y altas revoluciones.

- **Admisión Ram-Air (KRAM = Kawasaki Ram Air Management)**. Un sistema que recogía el aire a presión desde el frontal de la moto cuando superaba los 100 km/h, forzándolo a entrar en la caja del filtro y aumentando la presión del aire en la admisión. Resultado: más oxígeno, mejor combustión y, por tanto, **más potencia a alta velocidad**. Fue la **primera moto de calle en incorporar esta tecnología**, adelantándose años a sus rivales.
- **Potencia**: unos **147 CV a 10.500 rpm**. Una cifra impresionante para una moto de los noventa. Acelerar de 0 a 100 km/h en **menos de 3 segundos** y llegar a 200 km/h en poco más de 7 segundos era, directamente, ciencia ficción sobre ruedas.
- **Transmisión y parte ciclo**, caja de cambios de **6 velocidades**, embrague multidisco en baño de aceite, horquilla telescópica convencional y doble disco delantero de 310 mm. No era una moto especialmente ligera (unos **235 kg en seco**), pero su estabilidad en línea recta era legendaria.
- **Chasis de doble viga de aluminio** lo bastante rígido para soportar el empuje brutal del motor y ofrecer buen aplomo a alta velocidad, aunque su maniobrabilidad en curvas lentas era más limitada.

¿Y TÚ?

¿Te montarías en una moto que reta a un tren bala?

Porque hay quien busca eficiencia, seguridad y sentido común...

Y luego estás tú, que en el fondo sabes que, si hubieras tenido una ZZR1100 en los noventa, **también habrías dicho: «Aguántame el casco»**.